虚拟偶像
AI 实现

张翔 著

清华大学出版社
北京

内 容 简 介

本书从虚拟偶像的发展历程和制作流程入手，通过通俗的语言和多方位的视角，介绍了 2D\3D 建模工具和深度学习框架 TensorFlow 与 Pytorch 在虚拟偶像制作中的应用，原理与实践并重，同时结合大量实际范例讲解如何建模、AI 表情动作迁移以及人机交互等制作虚拟偶像的完整流程。从拟真人的人物建模到表情动作的实时捕捉，再到传输到动作引擎中驱动人物动作，向读者展现了人工智能技术的强大与魅力。

本书深入浅出，实操性和系统性强，适合有一定 IT 背景并对虚拟产业关注的广大读者使用。

本书封面贴有清华大学出版社防伪标签，无标签者不得销售。
版权所有，侵权必究。举报：010-62782989，beiqinquan@tup.tsinghua.edu.cn。

图书在版编目（CIP）数据

虚拟偶像 AI 实现 / 马健健，张翔著.—北京：清华大学出版社，2022.1
ISBN 978-7-302-59860-2

Ⅰ.①虚… Ⅱ.①马… ②张… Ⅲ.①虚拟现实 Ⅳ.①TP391.98

中国版本图书馆 CIP 数据核字（2022）第 003472 号

责任编辑：王金柱
封面设计：王　翔
责任校对：闫秀华
责任印制：丛怀宇

出版发行：清华大学出版社
　　　　　网　　　址：http://www.tup.com.cn，http://www.wqbook.com
　　　　　地　　　址：北京清华大学学研大厦 A 座　　邮　　编：100084
　　　　　社 总 机：010-62770175　　　　　　　　　　邮　　购：010-62786544
　　　　　投稿与读者服务：010-62776969，c-service@tup.tsinghua.edu.cn
　　　　　质 量 反 馈：010-62772015，zhiliang@tup.tsinghua.edu.cn
印 装 者：三河市东方印刷有限公司
经　　销：全国新华书店
开　　本：170mm×230mm　　　印　　张：14.75　　　字　　数：331 千字
版　　次：2022 年 2 月第 1 版　　　　　　　　　　印　　次：2022 年 2 月第 1 次印刷
定　　价：79.00 元

产品编号：093828-01

前　　言

早在20世纪90年代日本就出现了虚拟偶像并进行专辑发售，后来基于音乐软件制作的3DCG的"初音未来"被称为虚拟偶像的成功典范。近年来，随着短视频平台和直播带货行业的兴起，通过绘画、3D建模等结合动作捕捉或人工智能的方式建立起来的虚拟偶像和网红越来越多地出现在人们的视野，吸引着越来越多的人参与虚拟偶像网红的追捧和制作。目前虚拟偶像实现方式上主要有两大流派，基于动作捕捉的实现和基于人工智能的方式。由于传统的基于动作捕捉的方式硬件成本昂贵，入门门槛较高，普通人难以企及，所以越来越多的人和团队开始采用人工智能的实现方法。

遗憾的是，国内虚拟人物\偶像书籍的短缺限制了广大普通读者的创作，网络上虽然能够找到一些资料，但大多是一些碎片化的信息，对读者的帮助十分有限。基于此，本书从基本的概念入手，原理结合实践，对虚拟人物\偶像制作流程及其用到的建模工具和人工智能技术进行详细介绍，包括3D建模的基本方式、基于TensorFlow和PyTorch的人工智能框架以及通过视频和实时视频流输入生成表情迁移后的虚拟人物，结合语音识别、人机对话引擎和口型匹配算法等生成自己专属的带有互动属性的虚拟人物和偶像，旨在达到降低学习门槛、人人都可以上手的效果。

本书主要包含三部分：第一部分是基础理论部分，从行业现状和发展趋势的角度来介绍什么是虚拟偶像以及应用的行业，同时对目前业界主流的虚拟偶像实现方式进行概述，让读者对此有一个清晰全面的认识；第二部分是应用实践，介绍基于Python的TensorFlow和PyTorch的机器学习框架的算法实现部分，从动作同步、表情迁移以及口型同步等方法介绍作为基础的框架技术；第三部分是项目实践，介绍2D和3D虚拟偶像的实现方式，完整展示从零到一的制作流程。

本书深入浅出，实操性和系统性强，适合有一定IT背景并对虚拟产业关注的广大读者使用。

限于编者水平所限，书中难免存在不当之处，敬请业界专家和广大读者批评指正。

最后特别感谢王金柱编辑给予的帮助和指导，以及好友的支持和鼓励。

马健健

2022年1月10日

目　　录

第 1 章　虚拟偶像概述 1
　1.1　什么是虚拟偶像 1
　1.2　虚拟偶像的发展历程 3
　1.3　虚拟偶像的现状和行业应用 5
　1.4　小结 5

第 2 章　Python 基础入门 7
　2.1　搭建 Python 编程环境 7
　　2.1.1　Python 软件的安装 8
　　2.1.2　编写第一个 Python 程序 9
　　2.1.3　Python 命名规范 10
　　2.1.4　Python 关键字 11
　2.2　Python 数据类型 11
　　2.2.1　数字类型 12
　　2.2.2　运算符 16
　　2.2.3　字符串 18
　　2.2.4　容器 19
　2.3　Python 控制结构 21
　　2.3.1　选择结构 22
　　2.3.2　循环结构 23
　2.4　Python 函数 25
　　2.4.1　函数定义 25
　　2.4.2　函数调用 26
　　2.4.3　匿名函数 27
　2.5　Python 模块 27
　　2.5.1　导入模块 28

    2.5.2 模块的搜索路径 29
  2.6 Python 面向对象编程 30
    2.6.1 Python 类创建和实例 30
    2.6.2 Python 内置类属性 32
    2.6.3 类的继承 33
  2.7 小结 35

第 3 章 常用的机器学习框架介绍 36
  3.1 TensorFlow 基础及应用 37
    3.1.1 TensorFlow 概述 37
    3.1.2 TensorFlow 的安装 38
    3.1.3 TensorFlow 的使用 41
    3.1.4 人脸检测算法 42
  3.2 PyTorch 基础及应用 55
    3.2.1 PyTorch 概述 55
    3.2.2 PyTorch 的安装 56
    3.2.3 PyTorch 的使用 57
    3.2.4 基于 PyTorch 的动作同步算法 67
  3.3 小结 70

第 4 章 虚拟偶像模型创建工具 71
  4.1 Live2D 建模 71
    4.1.1 Live2D 安装 72
    4.1.2 Live2D 人物建模 75
    4.1.3 使用模板功能 87
    4.1.4 Live2D Cubism Viewer 简介 90
  4.2 三维建模 93
    4.2.1 三维模型制作流程 94
    4.2.2 三维制作软件 94
    4.2.3 Blender 角色建模流程 95
  4.3 小结 100

第 5 章 如何创造虚拟偶像 101
  5.1 虚拟偶像运动和交互的实现方式 101
  5.2 基于付费的商业化解决方案 102

5.2.1　建立人物 3D 模型 103
　　5.2.2　选择 3D 动画工具 104
　　5.2.3　全身动作捕捉系统（硬件） 105
　　5.2.4　采用 iPhone X 的面部识别方式 106
5.3　免费的人工智能方案 117
　　5.3.1　机器学习驱动 3D 模型——人体动作 117
　　5.3.2　机器学习驱动图片——面部表情 140
5.4　小结 142

第 6 章　基于 2D 的虚拟偶像实现方案 143
6.1　动作捕捉技术 144
　　6.1.1　ARKit 框架面部追踪 146
　　6.1.2　人脸面部识别 153
6.2　Live2D 模型接入 154
　　6.2.1　Live2D Cubism SDK 155
　　6.2.2　Live2D 模型文件 157
　　6.2.3　CubismFramework 165
6.3　Cubism SDK+ARKit 实现 170
　　6.3.1　Cubism SDK 集成 171
　　6.3.2　ARKit 人脸追踪添加 173
　　6.3.3　Live2D 模型添加 176
6.4　Live2D + FaceRig 方案实现 194
　　6.4.1　FaceRig 概述 194
　　6.4.2　FaceRig 的基本功能 196
　　6.4.3　导入 Live2D 模型 198
6.5　小结 199

第 7 章　基于 3D 的虚拟偶像实现方案 200
7.1　3D 虚拟偶像项目简介 201
7.2　建立人物 3D 模型 201
7.3　虚拟偶像拟人化——预制表情和动作集 207
7.4　实现和用户交互——构建语音对话机器人 209
7.5　口型对齐算法应用 211
7.6　模型部署 213

7.7 服务调用和测试 225
7.8 小结 226
参考文献 227

第1章

虚拟偶像概述

2020年，虚拟偶像伴随着各种文娱产品形态加速迈入公众视野，形成了明显的破圈效应，开始成为一种新兴大众文化。在疫情的影响下，虚拟偶像与直播结合成为新的风向，腾讯、爱奇艺、字节跳动、哔哩哔哩等纷纷下场，QQ炫舞、RICH BOOM等各种IP和厂牌层出不穷，虚拟偶像呈现破圈之势，可以说是虚拟偶像元年。随着虚拟偶像影响力的提升，其代表的年轻、时尚、二次元等形象同时也在跨越次元壁，串联起线上和线下多场景，逐渐形成一种趋势。

本章将介绍虚拟偶像的概念、发展历程、现状和未来，以使读者对虚拟偶像有一个初步的了解。

1.1 什么是虚拟偶像

虚拟偶像是指通过绘画、音乐、动画、CG（Computer Graphics，电脑绘图）等技术手段制作，在因特网等虚拟场景具象出来从事演艺活动、本身并不以实体形式存在的人物形象。受技术迭代的影响，虚拟偶像的样态经过了多次演进，从最初以语音合成软件支撑的"纸片人"演变为可动的3D形象，再到全息投影的实时唱跳表演，虚拟偶像正在打破二次元和三次元的界限。

从广义上来说虚拟形象、动漫角色、虚拟歌手、虚拟艺人、虚拟主播等都可以划分到虚拟偶像范畴。虚拟偶像产业链的不断完善，以及虚拟偶像解决方案提供商和运营商的技术突破，让虚拟偶像的制作成本不断降低，同时直播电商、短视频等行业的爆发式增长为虚拟偶像提供了更多的商业变现模式。目前虚拟偶像根据技术和投入主要分为三个层次，如图1-1所示。

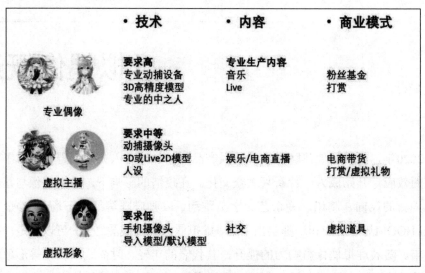

图 1-1　虚拟偶像的层次

专业偶像是以"初音未来"和"洛天依"为代表的顶级虚拟偶像，不但通过采用行业最顶级的动作捕捉、3D建模等技术给用户提供最好的视听体验，而且背后的中之人（虚拟偶像背后的真人演员）以及围绕虚拟偶像打造的音乐、虚拟剧、LIVE演出等衍生内容等都采用最好的技术。顶级虚拟偶像以虚拟形象表演，其人设由官方和粉丝共同塑造，商业模式也接近于传统偶像，通过粉丝经济变现。

比较常见的虚拟偶像如虚拟主播，虚拟主播是以"绊爱"和"小艾"为代表的主播型偶像。虚拟主播对技术的要求相对较低，虚拟形象和声优同步配音在直播间与观众互动,主要以娱乐和电商直播为主。商业模式主要是电商带货和虚拟礼物打赏。

虚拟形象以定制形象为代表,技术要求较低,只需要设备导入模型即可,商业模式主要以虚拟物品的售卖为主。

1.2 虚拟偶像的发展历程

虚拟偶像的发展与制作技术的进步密不可分,从最早的手绘技术到CG技术,再到人工智能合成技术,大致经历了萌芽、探索、初级和成长四个时期,如图1-2所示。

图1-2 虚拟偶像发展历程

20世纪80年代,人们尝试将二次元人物引入现实世界中,虚拟偶像步入萌芽期,该时期以手工绘制为主,应用范围有限。1982年播出的动漫《超时空要塞》主角林明美的形象是宇宙歌姬,通过歌声感化敌人,并最终赢得了星际大战的胜利,也成就了林明美偶像的身份。1984年,动画制作方以林明美的形象制作发布音乐专辑,并打入日本知名音乐Oricon榜单。作为动漫人物,林明美由此成为第一位虚拟歌姬。

21世纪初，传统手绘被CG、动作捕捉等技术逐步取代，虚拟偶像步入探索期。该时期虚拟偶像逐渐达到实用水平，但造价不菲，主要出现在影视娱乐行业。2003年日本乐器制造商雅马哈公司推出了电子音乐制作语音合成软件Vocaloid，通过输入音调和歌词就可以合成人类声音的歌声。Vocaloid试图解决"好的曲子同样需要好的表演者才能演唱出来"的问题，让创作者通过调试程序唱出歌来。因为是电脑合成声音，所以让声音没有了理论上的限制，大大降低了音乐创作门槛，在Vocaloid生态里诞生了成千上万的作品。2007年，日本制作的虚拟偶像"初音未来"一炮而红，引领了Vocaloid产业近十年的繁荣。"初音未来"是二次元风格的少女偶像，早期人物形象主要采用CG技术合成，人物声音采用Vocaloid语音合成，呈现形式相对比较粗糙。"初音未来"的独特之处在于奠定了虚拟偶像养成型的孵化模式，让粉丝直接参与创造价值并在线上分享和传播。

2011年后，动作捕捉技术的普及以及深度学习算法的突破让虚拟偶像的制作过程得到有效简化，逐渐步入正轨，进入初级阶段。虚拟偶像作为知识产权和自身形象的代替以及跨媒体的概念持续发展，开始出现了一些使用虚拟偶像开展活动的个人和企业，并使其概念和运营模式得到进一步探索和推广。2016年12月"绊爱"在YouTube上发布了自我介绍视频，标志着虚拟YouTuber（Virtual YouTuber）概念的确定和文化的开端。经过数年发展，目前世界范围内曾出现过的虚拟YouTuber已达上万名，其作品、活动和粉丝文化发展出极高的多样性，形成了独特的网络文化。2017年生活在虚拟次元的第一代人工智能"小希"诞生，成为我国第一位虚拟Up（Virtual Uploader）主。

2018年bilibili（哔哩哔哩）首次举办虚拟偶像相关专题活动，共有18位VUP参加。除了互联网大厂、资本、平台纷纷加大投入外，虚拟偶像也根据不同的商业定位和市场需求演化细分出更多赛道，为虚拟偶像的发展注入了多样性。2018年后，虚拟偶像文化迅速发展并成为网络文化热点，虚拟主播数快速增长，先后出现了彩虹社、ENTUM、LIVE、hololive、Unlimited等业内知名事务所和组织。虚拟偶像朝着智能化、便捷化、精细化、多样化发展，步入成长期。

2021年Facebook和Microsoft等巨头大举进入元宇宙（metaverse）行业，其核心有区块链，交互式体验以及AR/VR技术，从交互体验的角度来说，拟人化的虚拟人物Avatar拉近了社交距离。元宇宙概念下的虚拟化身和强互动，进一步引领了虚拟人物创建技术的热潮。

1.3 虚拟偶像的现状和行业应用

一个行业发展时，技术是促进或制约其快速发展的利器或瓶颈。在传统的手工动画时代，虚拟偶像的实现需要大量的人力，其带动效应和发展潜力是需要慢慢沉淀和培养的，受制于技术限制，很难大规模地曝光和产生互动。后来随着技术的革新、人物建模软件和各种动作捕捉硬件的推出，虚拟偶像的创作便利性大增，但是对创作者仍有较高的要求，比如模型建立和人物绘画的艺术性素养的要求和动辄上百万的光学捕捉设备，仅仅处于大公司的考虑范围内。近年来AR/VR和快速建模工具的推出、基于人工智能的动作捕捉、面部表情迁移解决方案使得虚拟偶像的门槛大幅度降低，并且随着短视频平台的风行有了丰富的曝光机会和渠道。中小公司甚至个人小团队开发者从技术的风口找到发展的机会。

技术的实现只是准入门槛，若想进行持续的发展则需对虚拟偶像的运营和IP定位拥有良好的规划。在此期间，通过人物的创作以及人设的打造实现人气的积累，通过代言、直播等渠道完成商业价值的体现。另外，相较于真人偶像，虚拟偶像具有自己的特点和优势，比如互动型强、曝光不受限制、不会产生负面新闻等。它的可控性强，可以定义打造符合特定群体的人设。

1.4 小　　结

近年来正处于虚拟偶像经济的黄金时代，国内外的虚拟偶像已经扛起了直播、代言、带货等之前真人偶像的职能。目前行业内主要有两种实现方式：第一种是借助付费商业化软件来实现；另一种是结合开源解决方案，并且根据2D和3D的呈现方式完成二次元合拟人态的实现。总体来说，付费商业化软件效果较好、成本较高，比较适合中大型公司，主要包含偶像模型构建、面部捕捉跟踪、身体姿态捕捉等功能，并应用到虚拟偶像人物的动作和姿态上。

从开源实现方案上划分，可以将虚拟偶像分为驱动静态图片和3D模型两类：对于驱动静态图片头部运动，业界上已经有First Order Motion Model算法；对于驱动3D模型身体运动，常用的是通过OpenPose获取视频流中的节点数据，并结合Unity或Unreal Engine来完成。关于人物模型构建方面，除了对Live2D工具进行介绍之外，还会对常见的3D建模工具Blender等进行讲解。另外，还会对这里要使用的TensorFlow、PyTorch等机器学习框架以及OpenPose或其他姿态估计算法进行介绍。

第2章

Python 基础入门

在本书后面介绍的虚拟偶像人工智能解决方案中会涉及程序编写，因此读者需要掌握一种编程语言。目前在人工智能领域使用最广泛的编程语言是Python，因此本章将介绍Python最基础的编程语法和相关编程方法。

2.1 搭建 Python 编程环境

Python是一种解释型语言，广泛应用于Web开发、网络爬虫、大数据分析和机器学习等。

20世纪90年代，Guido van Rossum在荷兰国家数学和计算机科学研究所设计出了Python语言。Python是由ABC、Algol-68、Modula-3、C、C++、SmallTalk和其他脚本语言发展而来的。

Python是一种面向对象的、解释型的、通用的、开源的脚本编程语言。Python简单易用、学习成本较低、功能强大，标准库和第三方库众多，因此得到了广泛的应用。

本节我们以Python 3.x为例，介绍其安装方法和初步使用。

2.1.1 Python 软件的安装

要使用Python来编写程序，首先要安装Python软件。

Python最新源码、二进制文档等可以在Python官网查看，如图2-1所示。

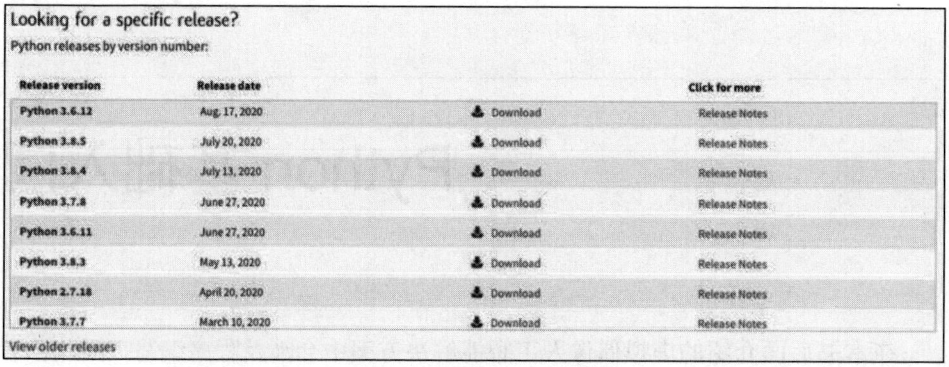

Looking for a specific release?

Python releases by version number:

Release version	Release date		Click for more
Python 3.6.12	Aug. 17, 2020	Download	Release Notes
Python 3.8.5	July 20, 2020	Download	Release Notes
Python 3.8.4	July 13, 2020	Download	Release Notes
Python 3.7.8	June 27, 2020	Download	Release Notes
Python 3.6.11	June 27, 2020	Download	Release Notes
Python 3.8.3	May 13, 2020	Download	Release Notes
Python 2.7.18	April 20, 2020	Download	Release Notes
Python 3.7.7	March 10, 2020	Download	Release Notes

View older releases

图 2-1 Python 下载页面

1. Windows 下的 Python 安装

在Python下载页面下载Windows版本的安装包，格式为python-xyz.msi，其中xyz是安装的版本号，下载完成即可安装。

2. Linux 系统下的 Python 安装

Linux发行版本众多，大多数都默认支持Python环境。这里以Ubuntu为例说明如何在Linux下安装Python 3。在Ubuntu环境下，可以直接使用包管理命令apt-get和pip（pip是Python的一个安装管理扩展库的工具）进行安装和升级。

（1）使用pip install命令安装第三方库：

```
sudo apt-get install python-pip
```

（2）使用apt-get命令安装Python：

```
sudo apt-get install python-dev
```

3. Mac OS 下的 Python 安装

Mac OS X 10.8以上的系统预安装了Python 2.7，可以在终端通过python –v命令查看Python版本。安装Python 3版本有两种方式：一种是使用命令行安装，即使用brew install python 3命令自动安装，然后配置环境变量；另一种是使用安装包进行安装。

在Mac OS下安装完Python后，Python版本仍然是之前的默认版本，需要配置才能更新为最新版本。环境变量设置如下：

（1）在命令行中输入"which python 3"获取输入路径。

（2）在.bash_profile文件中添加Python 3的安装路径：

```
# Setting PATH for Python 3.9
PATH="/Library/Frameworks/Python.framework/Versions/3.9/bin:${PATH}"

export  PATH

alias python="/Library/Frameworks/Python.framework/Versions/3.9/bin/ python3"
```

（3）让文件生效：

```
source ~/.bash_profile
```

2.1.2 编写第一个 Python 程序

1. 交互式编程

Python是解释型语言，可以通过Python的交互模式直接编写代码。在Linux中，可以直接在命令行中输入Python命令启动交互式编程：

```
xxx@xxx~ % python
Python 3.9.4 (v3.9.4:1f2e3088f3, Apr  4 2021, 12:32:44)
[Clang 6.0 (clang-600.0.57)] on darwin
Type "help", "copyright", "credits" or "license" for more information.
>>>
```

然后在提示符中输入以下文本信息：

```
>>> print("Hello, Python 3.9")
```

最后按Enter键查看运行效果，输出结果如下：

```
Hello, Python 3.9
```

2. 脚本式编程

通过脚本参数调用解释器执行脚本，直到脚本执行完毕。当脚本执行完成后，解释器不再有效。所有Python文件都是以.py为扩展名的，下面写一个简单的Python脚本文件。首先新建一个hello.py文件，然后输入以下代码：

```
#hello world.py
#!/usr/bin/env python

print("hello World")
```

保存成功后，在命令行中运行该文件，就可以看到执行后的信息：

```
xxx@xxx~ % python hello.py
hello World
```

2.1.3　Python命名规范

Python中的标识符是由字母、数字、下划线组成的，需要遵守以下命名规则：

- 标识符由字符（A~Z 和 a~z）、下划线和数字组成，但首字符不能是数字。
- 标识符不能与 Python 中的保留字相同。
- 标识符中不能包含空格、@、% 以及 $ 等特殊字符。
- 标识符是严格区分大小写的，如果两个单词的大小写格式不一样，那么代表的意义也是完全不同的。
- 标识符以下划线开头具有特别的含义：以单下划线开头的标识符表示不能直接访问的类属性，以双下划线开头的标识符表示类的私有成员，以双下划线为开头和结尾的标识符是专用标识符。

2.1.4 Python 关键字

关键字是Python语言中已经被赋予特定意义的单词，不能作为常量、变量或其他任何标识符的名称。表2-1中展示了Python的常用关键字。

表 2-1　Python 常用关键字

关键字	关键字	关键字
assert	finally	or
and	exec	not
assert	finally	or
break	for	pass
class	from	print
Continue	global	raise
def	if	return
del	import	try
elif	in	while
else	is	with

2.2　Python 数据类型

变量是存储在内存中的值，创建时会在内存中开辟一个空间。变量可以处理不同数据类型的值。Python的基本数据类型包括数字和字符串，内置数据类型包括列表、元组、字典等，如表2-2所示。

表 2-2　Python 基本数据类型

数据类型	例子
数字	100，3.1415，1+2j
字符串	"Hello World"
列表	[1,2,3,4]
字典	{"name": "lucy"}
元组	(1, 2, 3, 4)
其他	None、布尔型、集合

2.2.1 数字类型

数字类型是用于存储数值的，在Python中有5种：整数、浮点数、布尔值和复数。

1. 整数

整数是没有小数部分的数字，在Python中包括正整数、0和负整数。在Python中，可以使用多种进制来表示整数：

- 十进制：由0~9共10个数字组合，无前缀。
- 二进制：由0和1两个数字组成，使用0b或0B做前缀。
- 八进制：由0~7共8个数字组成，使用0o或0O做前缀。
- 十六进制：由0~9共10个数字以及A~F（或a~f）共6个字母组成，使用0x或0X做前缀。

代码清单2-1　Python整数的常用操作

```
# 整数类型定义
x = 6
print("x:", x)
y = 0
print("y:", y)
z = -6
print("y", z)
print("x type is: ", type(x))

# 二进制
bin_1 = 0b110
bin_2 = 0B110
print("bin_1 = ", bin_1)
print("bin_2 = ", bin_2)

# 八进制
oct_1 = 0o16
oct_2 = 0O66
```

```
print("oct_1 = ", oct_1)
print("oct_2 = ", oct_2)

# 十六进制
hex_1 = 0x45
hex_2 = 0x4Af
print("hex_1 = ", hex_1)
print("hex_2 = ", hex_2)
```

程序执行结果（都是十进制整数）如下：

```
x: 6
y: 0
y -6
x type is: <class 'int'>
bin_1 = 6
bin_2 = 6
oct_1 = 14
oct_2 = 54
hex_1 = 69
hex_2 = 1199
```

2. 浮点数

浮点数由整数部分和小数部分组成，在Python中的浮点数可以看作是数学里面的小数。Python中的浮点数有两种表示方式：

- 十进制形式：常见的小数形式，书写时必须包含小数点。
- 科学计数法形式：aEn 或 aen 形式，整个表达式等价于 $a \times 10^n$。例如，2.5e2 = 2.5×10^2 = 250。其中，a 为位数部分，是一个十进制数；n 为指数部分，是一个十进制整数；E 或 e 是固定的字符，用于分割尾数部分和指数部分。

代码清单2-2 Python浮点数的常用操作

```
# 浮点型数字
f_1 = 12.6
print("f_1 = ", f_1)
print("f_1 type: ", type(f_1))
f_2 = 0.34967816434356003
```

```
print("f_2 = ", f_2)
print("f_2 type: ", type(f_2))
f_3 = 0.0000000000000000000000000968
print("f_3 = ", f_3)
print("f_3 type: ", type(f_3))
f_4 = 385689745102456787824523453.45006
print("f_4 = ", f_4)
print("f_4 type: ", type(f_4))
f_5 = 8e4
print("f_5 = ", f_5)
print("f_5 type: ", type(f_5))
```

程序执行结果如下：

```
f_1 = 12.6
f_1 type: <class 'float'>
f_2 = 0.34967816434356
f_2 type: <class 'float'>
f_3 = 9.68e-26
f_3 type: <class 'float'>
f_4 = 3.8568974510245677e+26
f_4 type: <class 'float'>
f_5 = 80000.0
f_5 type: <class 'float'>
```

从运行结果可以看出，Python可以容纳极小和极大的浮点数。在输出浮点数时，print会根据浮点数的长度和大小适当地舍去一部分数字或者采用科学计数法。

3. 布尔值

Python提供布尔类型来表示真（对）或假（错）。布尔类型是特殊的整数，由常量True和False表示，用于数值运算时，会被当作数值1和0进行运算。

代码清单2-3　Python布尔值的常用操作

```
# 布尔类型
b_1 = False
print("b_1 = ", b_1)
print("b_1 type: ", type(b_1))
```

```
b_2 = True
print("b_2 = ", b_2)
print("b_2 type: ", type(b_2))

sum_1 = b_1 + 1
print("sum_1 = ", sum_1)
print("sum_1 type: ", type(sum_1))

sum_2 = b_2 + 1
print("sum_2 = ", sum_2)
print("sum_2 type: ", type(sum_2))
```

程序执行结果如下:

```
# b_1 = False
b_1 type: <class 'bool'>
b_2 = True
b_2 type: <class 'bool'>
sum_1 = 1
sum_1 type: <class 'int'>
sum_2 = 2
sum_2 type: <class 'int'>
```

从输出结果来看,布尔类型在与整数类型做运算时会被作为整数值使用,但是一般不这样使用。一般来说,布尔类型是表示事情真假的:如果是真的,就使用True或1代表;如果是假的,就使用False或0代表。

4. 复数

复数是Python的内置类型,由实部和虚部构成,虚部以j或J作为后缀,具体格式为a + bj。

代码清单2-4　Python 复数的常用操作

```
c_1 = 6 + 0.8j
print("c_1 = ", c_1)
print("c_1 type", type(c_1))

c_2 = 8 - 1.6j
print("c_2 = ", c_2)
```

```
#对复数进行简单计算
print("c_1 + c_2: ", c_1+c_2)
print("c_1 * c_2: ", c_1*c_2)
```

Python支持简单的复数运算，程序执行结果如下：

```
c_1 = (6+0.8j)
c_1 type <class 'complex'>
c_2 = (8-1.6j)
c_1 + c_2: (14-0.8j)
c_1 * c_2: (49.28-3.2000000000000001j)
```

2.2.2 运算符

Python语言支持多种类型的运算符，包括算术运算符、比较（关系）运算符、赋值运算符、逻辑运算符等。

1. 算术运算符

表2-3列出了常用的算术运算符，这里假设变量a为6、变量b为8。

表2-3 Python常用算术运算符

运算符	描述	示例
+	加：两个对象相加	a + b，输出结果为14
-	减：负数，或是一个数减去另一个数	a - b，输出结果为-2
*	乘：两个数相乘，或是返回一个被重复若干次的字符串	a * b，输出结果为48
/	除：x除以y	b / a，输出结果为1.33333
%	取模：返回除法的余数	b % a，输出结果为2
**	幂：返回x的y次幂	a**b，表示6的8次方，输出结果为1679616
//	取整除：返回商的整数部分（向下取整）	b//a，输出结果为1

2. 比较（关系）运算符

所有比较运算符返回1表示真，返回0表示假，与特殊的变量True和False等价。表2-4列出了常用的比较运算符，同样假设变量a为6、变量b为8。

表 2-4　Python 常用比较运算符

运算符	描述	示例
==	等于：比较对象是否相等	a == b，返回 False
!=	不等于：比较两个对象是否不相等	a != b，返回 True
>	大于：返回 x 是否大于 y	a > b，返回 False
<	小于：返回 x 是否小于 y	a < b，返回 True
>=	大于等于：返回 x 是否大于等于 y	a >= b，返回 False
<=	小于等于：返回 x 是否小于等于 y	a <= b，返回 True

3. 赋值运算符

表2-5列出了常用的赋值运算符，同样假设变量a为6、变量b为8。

表 2-5　Python 常用赋值运算符

运算符	描述	示例
=	简单的赋值运算符	c = a + b，将 a + b 的运算结果赋值为 c
+=	加法赋值运算符	c += a，等效于 c = c + a
−=	减法赋值运算符	c −= a，等效于 c = c−a
*=	乘法赋值运算符	c*= a，等效于 c = c*a
/=	除法赋值运算符	c /= a，等效于 c = c / a
%=	取模赋值运算符	c %= a，等效于 c = c % a
**=	幂赋值运算符	c**= a，等效于 c = c**a
//=	取整除赋值运算符	c //= a，等效于 c = c // a

4. 逻辑运算符

Python语言支持的常用逻辑运算符如表2-6所示，这里假设变量a为6、变量b为8。

表 2-6　Python 常用逻辑运算符

运算符	逻辑表达式	描述	示例
and	x and y	布尔"与"：如果 x 为 False，x and y 返回 False，否则返回 y 的计算值	a and b，返回 8
or	x or y	布尔"或"：x 是非 0 时返回 x 的计算值，否则返回 y 的计算值	a or b，返回 6
not	not x	布尔"非"：x 为 True 时返回 False，x 为 False 时返回 True	not(a and b)，返回 False

2.2.3 字符串

字符串是Python中常用的数据类型，可以使用引号（'或"）来创建。

代码清单2-5　Python 字符串的常用操作

```
# 1.字符串创建
str_1 = '我是一个字符串'
print("str_1: ", str_1)
str_2 = "I am a string"
print("str_2:", str_2)
# 三引号可以将复杂的字符串进行赋值，允许字符串跨行，并且包含换行符、制表符及其他特殊字符
str_3 = '''
    Python 字符串,
    '单引号' \n
    "双引号"
    '''
print("str_3:", str_3)
# 2.字符串拼接
city_1 = "上海市" "黄浦区"
city_2 = "北京市" + "海淀区"
print(city_1)
print(city_2)

# 字符串不允许直接与其他类型进行拼接，需要先将其他类型转换为字符串
age = 18
info = "我已经" + str(age) + "岁了，我在" + city_1
print(info)
```

程序执行结果如下：

```
str_1:  我是一个字符串
str_2: I am a string
str_3: 
    Python 字符串,
    '单引号'
```

"双引号"

上海市黄浦区
北京市海淀区
我已经18岁了，我在上海市黄浦区

2.2.4 容器

Python中常见的容器有列表、元组和字典等。

1. 列表

列表是由方括号和方括号括起来的数据构成的。列表中的一项叫作一个元素，既可以是整数、浮点数、字符串，也可以是另一个列表或其他数据结构，并且每个元素使用英文逗号隔开。

代码清单 2-6　Python 列表的常用操作

```
# 列表
list_1 = [1, 2, 3.1415, 4e8]
list_2 = ["math", "physical", 2020, 2021]

print("list_1[2]: ", list_1[2])
print("list_2[1:2]", list_2[1:2])

# 列表增删
list = ["tecent"]
list.append("baidu")
list.append("alibaba")
print("list append after:", list)

del list[1]
print("after delete Value At index 1:", list)
```

程序执行结果如下：

```
list_1[2]:  3.1415
list_2[1:2] ['physical']
list append after: ['tecent', 'baidu', 'alibaba']
```

```
after delete Value At index 1: ['tecent', 'alibaba']
```

2. 元组

元组是由小括号和小括号括起来的数据构成的,与列表非常像。元组生成后不能再进行增、删、改等操作。

代码清单 2-7　Python 元组的常用操作

```
tup_1 = (1, 2, 3.1425, 4e8)
tup_2 = ("math", "physical", 2020, 2021)

print("tup_1[0]: ", tup_1[0])
print("tup_2[1:2]: ", tup_2[1:2])

# 修改元组元素操作是非法的,不过可以对元组进行连接组合
tup_3 = tup_1 + tup_2
print("tup_3:", tup_3)

#删除元组
del tup_3
print("After deleting tup_3 : ", tup_3)
```

在元组被删除后,输入变量时会有异常信息,程序执行结果如下:

```
list_1[2]: 3.1425
list_2[1:2] ['physical']
list append after: ['tecent', 'baidu', 'alibaba']
after delete Value At index 1: ['tecent', 'alibaba']
tup_1[0]: 1
tup_2[1:2]: ('physical',)
tup_3: (1, 2, 3.1425, 400000000.0, 'math', 'physical', 2020, 2021)
Traceback (most recent call last):
  File "/Users/a123/Desktop/Python/coll.py", line 30, in <module>
    print("After deleting tup_3 : ", tup_3)
NameError: name 'tup_3' is not defined
```

3. 字典

字典是一种无序、可变的序列,它的元素以"键值对(key=>value)"的形

式存储。字典中的索引称为键（key），对应的元素称为值（value），键及其关联的值称为"键值对"，其中键一般是唯一的。

代码清单 2-8　Python 字典的常用操作

```
dict = {'Lucy': '1687', 'Bob': '2637', 'Tom': '3258'}
print("dict: ", dict)
print("dict['Lucy']:", dict["Lucy"])

dict["Kitty"] = '2648'     #增加条目
pring("after append kitty: ", dict)

del dict["Tom"]     #删除键是Tom的条目
pring("after delete Tom: ", dict)

dict.clear()     #清空所有条目
print("after clear all:", dict)
```

程序执行结果如下：

```
dict: {'Lucy': '1687', 'Bob': '2637', 'Tom': '3258'}
dict['Lucy']: 1687
after append kitty:  {'Lucy': '1687', 'Bob': '2637', 'Tom': '3258', 'Kitty': '2648'}
after delete Tom:  {'Lucy': '1687', 'Bob': '2637', 'Kitty': '2648'}
after clear all: {}
```

2.3　Python 控制结构

Python按照执行流程可以分为顺序结构、选择（分支）结构和循环结构3种：

- 顺序结构：程序按照顺序依次执行代码块。
- 选择结构：程序有选择性地执行代码块。
- 循环结构：程序不断地重复执行代码块。

2.3.1 选择结构

在Python中，通过对条件进行判断，然后根据结果决定执行的代码块称为选择结构或分支结构，执行过程如图2-2所示。

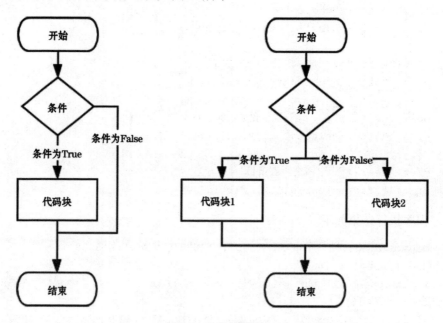

图 2-2 条件语句

Python中的选择结构是通过if else语句来实现的，使用方式如下：

代码清单 2-9　Python 选择结构

```
name = 'python'
if name == 'python':
    print 'Hello Python!!'

height = float(input("输入身高（米）："))
weight = float(input("输入体重（千克）："))
bmi = weight / (height * height)    #计算BMI指数
if bmi<18.5:
    print("BMI指数为："+str(bmi))
```

```
        print("体重过轻")
    elif bmi>=18.5 and bmi<24.9:
        print("BMI指数为："+str(bmi))
        print("正常范围，注意保持")
    elif bmi>=24.9 and bmi<29.9:
        print("BMI指数为："+str(bmi))
        print("体重过重")
    else:
        print("BMI指数为："+str(bmi))
        print("肥胖")
```

程序执行结果如下：

```
Hello Python!
输入身高（米）：178
输入体重（千克）：62
BMI指数为：0.0019568236333379624
体重过轻
```

Python不支持switch语句，所以多个条件判断只能通过elif来实现。

2.3.2 循环结构

循环结构提供了执行多次代码块的方式，在Python中用for和while语句来实现。

1. for 循环

for循环常用于遍历字符串、列表、元组、字典、集合等序列类型，逐个获取序列中的各个元素。for循环语句的执行流程如图2-3所示。

for循环使用方式如下：

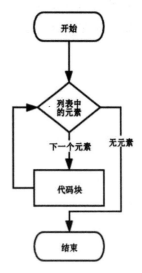

图 2-3　for 循环流程

代码清单 2-10　Python for 循环结构

```
for char in 'Python':     # 遍历字符串
    print('当前字母 :', char)
```

```
fruits = ['banana', 'apple', 'orange']
for fruit in fruits:        #遍历列表
    print('水果 :', fruit)
```

程序执行结果如下：

```
当前字母 : P
当前字母 : y
当前字母 : t
当前字母 : h
当前字母 : o
当前字母 : n
水果 : banana
水果 : apple
水果 : orange
```

2. while 循环

while循环在条件表达式为真的情况下会循环执行相同的代码块。while循环的执行流程如图2-4所示。

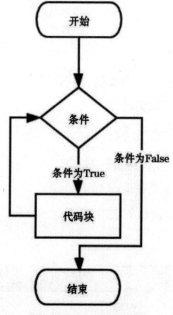

图 2-4　while 循环流程

while循环使用方式如下：

代码清单 2-11　Python while 循环结构
```
i = 0
fruits = ['banana', 'apple', 'orange']
while i < len(fruits):
    print(fruits[i])
    i = i + 1
```

程序执行结果如下：
```
banana
apple
orange
```

在使用while循环时，注意要保证循环条件有变为False的时候，否则这个循环将成为一个死循环。所谓死循环，指的是无法结束的循环结构，即该循环永远不会结束。

2.4　Python 函数

函数是可重复使用的，用来实现某个功能的代码块，提高了程序模块化和代码的重复利用率。

2.4.1　函数定义

Python函数定义使用def关键字实现，语法格式如下：

```
def functionname( parameters ):
    "函数_文档字符串"
    function_suite
    return [表达式]
```

Python中的函数定义需要满足以下规则：

- 以def关键字开头，后接函数标识符名称和圆括号()。

- 任何传入的参数和自变量必须放在圆括号内，圆括号之间可用于定义参数。
- 第一行语句可以选择性地使用文档字符串，用于存放函数说明。
- 内容以冒号起始，并且缩进。
- return [表达式] 结束函数，选择性地返回一个值给调用方。不带表达式的 return 相当于返回 None。

下面定义两个函数，其中一个是空函数。Python允许定义空函数，但是空函数本身并没有实际意义。

代码清单 2-12　Python 函数定义

```
def pass_me():
    "空函数，没有实际意义"
    pass

def max(num1,num2):
    "比较两个数的大小，并返回大的值"
    max = num1 if num1 > num2 else num2
    return max
```

2.4.2　函数调用

函数定义之后，可以通过另一个函数来调用执行。函数调用的基本语法如下：

[返回值] = 函数名([形参值])

其中，函数名指的是要调用的函数名称；形参值指的是当初创建函数时要求传入的各个形参的值。如果该函数有返回值，就可以通过一个变量来接收，当然也可以不接收。需要注意的是，创建函数有多少个形参，调用时就需要传入多少个值，且顺序必须和创建函数时一致。即便该函数没有参数，函数名后的小括号也不能省略。例如，调用上面创建的pass_me()和max()函数：

代码清单 2-13　Python 函数调用

```
pass_me()
max = max(66, 28)
print(str(max))
```

空函数本身并不包含任何有价值的执行代码块,也没有返回值,调用空函数不会有任何效果。对于max()函数的调用,返回了传入参数的最大值,因此执行结果为66。

2.4.3 匿名函数

Python的匿名函数是通过lambda表达式来实现的。如果一个函数的函数体仅有1行表达式,那么该函数可以用lambda表达式来替换。lambda仅是一个表达式,只能封装有限的逻辑,不能访问参数列表之外或全局命名空间的参数。lambda表达式的语法格式如下:

```
lambda [arg1 [,arg2,...,argn]]:expression
```

其中,定义lambda表达式必须使用lambda关键字;[arg1 [,arg2,...,argn]]作为可选参数,等同于定义函数是指定的参数列表;expression为该表达式的名称。匿名函数实例如下:

代码清单 2-14　Python 匿名函数定义

```
# 匿名函数
sum = lambda x,y:x+y

# 调用sum函数
print("相加之后的值为: ",sum(3,4))
```

程序执行结果如下:

相加之后的值为:　7

2.5　Python 模块

Python模块(Module)是代码的一种组织形式,把许多有关联的代码放到一个单独的Python文件中。Python模块是一个包含某个功能(变量、函数、类实现)的包,直接在程序中导入该模块即可使用。

2.5.1 导入模块

Python有很多标准库和开源的第三方代码,将需要的功能模块导入当前程序就可以直接使用。Python使用import关键字导入模块,主要方式有两种:

- import 模块名:导入模块中所有成员,包括变量、函数和类等,并且在使用模块中的成员时需要该模块名作为前缀。
- from 模块名 import 成员名:导入模块中指定的成员,在使用该成员时无须附加任何前缀,直接使用成员名即可。

1. import 语句

使用import语句引入模块的语法如下:

```
import module1[, module2[,...,moduleN]]
```

代码清单 2-15　Python 模块导入

```
# 导入math模块
import math
# 导入random和sys两个模块
import random,sys
import os as o

# 使用math模块名作为前缀来访问模块中的成员
print(math.fabs(-20))

# 使用sys模块名作为前缀来访问模块中的成员
print(sys.argv[0])

# 使用o模块别名访问模块变量,其中sep变量代表平台上的路径分隔符
print(o.sep)
```

上面的代码导入了多个模块。通过import可以导入单个或多个模块,还可以为模块起别名。不管执行了多少次import,一个模块只会被导入一次,这样可以防止导入模块被一遍又一遍地执行。上面代码的执行结果如下:

```
20.0
```

```
cls.py
/
```

2. from…import 语句

Python的from语句可以从模块中导入指定部分到当前文件，语法如下：

```
from modname import name1[, name2[,...,nameN]]
```

代码清单2-16　Python from 模块导入

```
# 导入sys模块的argv成员
from sys import argv

# 导入math模块的pi，并为其指定别名p
from math import pi as p

print(argv[0])

print(p)
```

也可以通过"form模块名import *"导入指定模块中的所有成员，不过存在名字冲突的问题，不推荐使用。

2.5.2　模块的搜索路径

当使用import语句导入模块后，Python解析器会按照以下顺序查找指定模块：

- 在当前目录（执行程序所在目录）下查找。
- 在PYTHONPATH环境变量中的目录下查找。
- 在Python默认安装目录下查找。

以上所涉及的目录都存在标准sys的sys.path变量中，通过此变量我们可以指定程序文件支持查找的所有目录。

2.6　Python 面向对象编程

面向对象编程是在面向过程编程的基础上发展来的，是一种封装代码的方法，具有更强的灵活性和扩展性。

- 面向过程编程以过程为核心，采用结构化、模块化和自顶向下的设计方法，把系统划分为不同的模块，降低了系统的复杂性。面向过程编程最重要的特点是函数，通过函数调用一个个子函数，程序运行的逻辑是事先决定好的。
- 面向对象编程以对象为核心，从更高的层次进行系统建模，把相关数据和方法组织为一个整体来看待，是对现实世界理解和抽象的方法。面向对象把系统视为对象的集合，每个对象可以接收其他对象发过来的消息并处理这些消息。面向对象编程的程序执行就是一系列消息在各个对象之间进行传递与处理。

Python语言在设计之初就是一门面向对象的语言。面向对象编程内容繁多，本章仅对Python的面向对象编程做一个简单介绍。

2.6.1　Python 类创建和实例

使用class语句来创建一个新类，在class关键之后为类的名称，并以冒号结尾，语法如下：

```
class ClassName:
    '类的帮助信息'     #类文档字符串

    class_suite  #类体
```

类的帮助信息可以通过ClassName.doc查看。class_suite由类成员、方法、数据属性组成。下面使用Python定义一个Student类。

代码清单 2-17　Python 定义学生类

```
class Student(object):
```

```
    """所有学生的基类,描述学生基本信息"""
    def __init__(self, name, age, score):
        super( Student, self).__init__()
        self.name = name
        self.age = age
        self.score = score

    def print_age(self):
        print(self.name, " age is ", self.age)

    def print_score(self):
        print(self.name, " score: ", self.score)

"创建 Student 类的第一个对象"
lucy = Student("lucy", 18, 86)
"创建 Student 类的第二个对象"
tony = Student("tony", 19, 92)

lucy.print_age()
lucy.print_score()

tony.print_age()
tony.print_score()
```

class后面紧接着的是类名(通常是大写开头的单词),即Student,紧接着是(object),表示该类是从哪个类继承下来的,object类是所有类的父类。__init__()方法是一个特殊方法,被称为类的构造函数或初始化方法,在创建了这个类的实例时就会被调用。self代表类的实例,在定义类的方法时是必须有的,在调用时不必传入相应的参数。Python中使用点号(.)来访问对象的属性和函数,代码的执行结果如下:

```
lucy  age is  18
lucy  score:  86
tony  age is  19
tony  score:  92
```

2.6.2 Python 内置类属性

Python中内置了类属性（创建了新类系统时就会主动创建这些属性），常见的如表2-7所示。

表 2-7　Python 内置类属性

内置类属性	说明	触发方式
__str__	实例字符串表示，可读性	print(类实例)，若没有实现，则使用 repr 结果
__repr__	实例字符串表示，准确性	print(repr(类实例))
__dict__	实例自定义属性	实例.__dict__
__doc__	类文档，子类不继承	help(类或实例)
__name__	类名	实例.__name__
__module__	类定义所在的模块	实例.__module__

对上述Student类添加__str__实现以及测试代码：

代码清单 2-18　Python 内置类验证

```
...
    def __str__(self):
        return "%s的年龄是%s, 分数是%s"%(self.name, self.age, self.score)
...
print("Student __str__", lucy)
print("Student __repr__", repr(lucy))
print("Student.__doc__:", Student.__doc__)
print("Student.__name__:", Student.__name__)
print("Student.__module__:", Student.__module__)
print("Student.__bases__:", Student.__bases__)
print("Student.__dict__:", Student.__dict__)
```

以上代码获取相关内置类属性，程序执行结果如下：

```
Student __str__ lucy的年龄是18, 分数是86
Student __repr__ <__main__.Student object at 0x7fc84fa37b20>
Student.__doc__: 所有学生的基类，描述学生基本信息
```

```
Student.__name__ : Student
Student.__module__ : __main__
Student.__bases__ : (<class 'object'>,)
Student.__dict__ : {'__module__': '__main__', '__doc__': '所有学生
的基类，描述学生基本信息', '__init__': <function Student.__init__ at
0x7fc84fa2b9d0>, 'print_age': <function Student.print_age at
0x7fc84fa2ba60>, 'print_score': <function Student.print_score at
0x7fc84fa2baf0>, '__str__': <function Student.__str__ at
0x7fc84fa2bb80>, '__dict__': <attribute '__dict__' of 'Student'
objects>, '__weakref__': <attribute '__weakref__' of 'Student'
objects>}
```

2.6.3 类的继承

在Python中，可以通过类的继承机制来实现代码的重用。当定义一个新类时，可以继承自某个现有的类，通过继承创建的新类称为子类（Sub class），被继承的类称为基类、父类或超类（Base class、Super class）。创建一个继承类的语法如下：

```
class 派生类名(基类名)
    ...
```

任何类都可以是父类，Python 3创建的类默认继承object类。下面创建一个名为Person的基类，包含name和age属性以及run和sleep方法。

代码清单2-19　Python基类定义

```
class Person():
    """人——父类"""
    def __init__(self, name, age):
        super(Person, self).__init__()
        self.name = name
        self.age = age

    def run(self):
        print(self.name, "在跑步")

    def sleep(self):
```

```
        print(self.name, "在睡觉")

person = Person("张三", 28)
person.run()
person.sleep()
```

以上代码执行结果如下：

```
张三 在跑步
张三 在睡觉
```

创建一个继承自Person的子类Employees类，继承Person的属性和方法。

代码清单 2-20　Python 子类定义

```
class Employees(Person):
    """雇员类——子类"""
    pass

emp = Employees("王五",28)
emp.run()
emp.sleep()
```

在类中不添加任何属性和方法，与父类Person拥有相同的属性和方法，执行结果如下：

```
王五 在跑步
王五 在睡觉
```

下面为Employees添加初始化方法__init__()，之后子类将不再继承父类的__init__()函数，并对父类的sleep()函数进行重写，同时添加新函数work()。

代码清单 2-21　Python 子类方法定义

```
class Employees(Person):
    """雇员类——子类"""
    def __init__(self, name, age, depart):
        super().__init__(name, age)
        self.depart = depart

    def sleep(self):
```

```
        print(self.name, "午休半小时")

    def work(self):
        print("员工", self.name,"在", self.depart,"工作")

emp = Employees("赵四", "42", "技术部")
emp.run()
emp.sleep()
emp.work()
```

对子类函数的执行结果如下:

```
赵四 在跑步
赵四 午休半小时
员工 赵四 在 技术部 工作
```

2.7 小　　结

本章先介绍了Python的历史以及在Windows、Linux以及Mac OS下的安装及配置；然后对Python的基本数据结构、控制结构、函数和面向对象编程等内容进行了介绍。

第3章

常用的机器学习框架介绍

机器学习作为人工智能的核心,涉及多领域交叉学科,综合传统的生物、数学和计算机科学形成了机器学习的理论基础,并且广泛应用于解决各种复杂的工程和科学问题。机器学习包含传统的机器学习算法,比如各种聚类、分类、boost等,也包含深度学习等实现机器学习的技术,通过多层次的神经网络以及大量的数据训练提炼最优的参数用于解决实际问题,比如物体检测、姿态识别以及自然语言处理等实际场景。

在本书的实际应用中,我们需要一个机器学习框架进行模型的训练以及推理操作。目前行业内有多种机器学习框架,可以说各大巨头都有自己的深度学习框架(Facebook有Torch,微软有CNTK,亚马逊有MXNet,百度有Paddle Paddle等)。本书主要介绍当前广泛应用的TensorFlow与PyTorch这两种基础学习框架及其简单使用方法。

3.1 TensorFlow 基础及应用

TensorFlow是由谷歌公司推出的深度学习框架,自推出之后受到业界好评,得到了广泛使用,是当前最火的深度学习框架。

3.1.1 TensorFlow 概述

TensorFlow的用户数量和关注度首屈一指,它可谓是主流中的主流。

TensorFlow是一个基于数据流编程的符号数学系统,前身是谷歌的神经网络算法库DistBelief,并于2015年被谷歌开源。TensorFlow是一个由工具、库和资源组成的生态系统,通过流程图可以快速创建神经网络和其他机器学习模型实现复杂的场景。

在TensorFlow中需要提到一个重要的概念,即TensorFlow张量。张量具有类型和纬度属性,可以理解为多维数据。数据在张量之间通过计算相互转化便是流(Flow),这就是TensorFlow名称的由来。张量在TensorFlow中用来处理数据,其含义类似于变量,在下文里会通过例子来进行介绍。

TensorFlow网络结构的实现是由数据流图来完成的。数据流图包含了一系列操作符对象,代表了一系列的数据运算。张量Tensor代表了直接操作的数据变量。这些都定义在一个数据流图的上下文中。例如,在图3-1中,节点代表数据运算,连接线代表

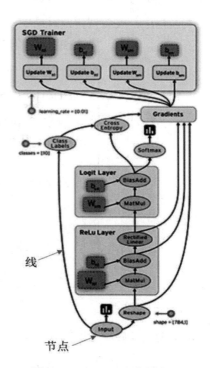

图 3-1 TensorFlow 数据流图

数据的流动，而数据的流动是通过张量Tensor来完成的。

3.1.2 TensorFlow 的安装

在安装TensorFlow之前，我们需要先安装Anaconda环境。

Anaconda是一个Python Package和Package管理器（功能类似pip）的组合，其常见的Package包含Scipy，Jupyter，sckit-learn等。其有效的包和多环境管理功能，以及内置了多个科学库，在业内有着很好的口碑，同时也是广大数据科学家和机器学习爱好者的使用利器。作为Python的一个发行版，安装Anaconda不需要单独安装Python运行环境，依赖于包管理器conda可以方便安装科学计算类库。

（1）访问Anaconda的官网https://www.anaconda.com/products/individual，可以免费下载Anaconda，并且可以选择PC、MacOS或Linux版本（见图3-2）。通过运行安装程序，安装到指定目录中。

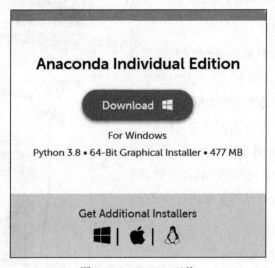

图3-2　Anaconda 下载

安装完毕后，通过执行以下命令来检测安装是否成功。

（2）创建TensorFlow运行环境，这里以Python 3.5版本为例：

```
conda create --name tensorflow_env python=3.5
```

（3）激活Anaconda环境：

```
activate tensorflow_env
```

（4）进入命令行模式，检查Anaconda环境是否安装成功，如图3-3所示。

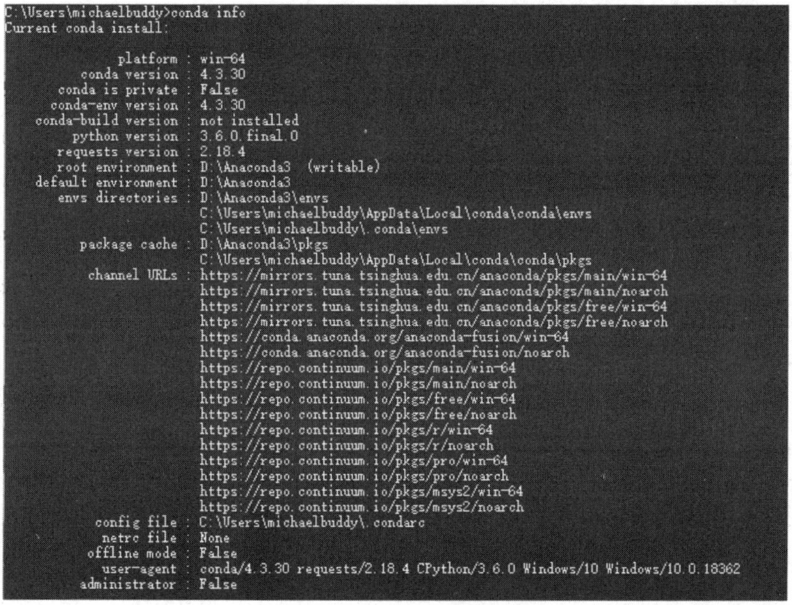

```
C:\Users\michaelbuddy>conda info
Current conda install:

             platform : win-64
        conda version : 4.3.30
     conda is private : False
    conda-env version : 4.3.30
  conda-build version : not installed
       python version : 3.6.0.final.0
     requests version : 2.18.4
     root environment : D:\Anaconda3  (writable)
  default environment : D:\Anaconda3
     envs directories : D:\Anaconda3\envs
                        C:\Users\michaelbuddy\AppData\Local\conda\conda\envs
                        C:\Users\michaelbuddy\.conda\envs
        package cache : D:\Anaconda3\pkgs
                        C:\Users\michaelbuddy\AppData\Local\conda\conda\pkgs
         channel URLs : https://mirrors.tuna.tsinghua.edu.cn/anaconda/pkgs/main/win-64
                        https://mirrors.tuna.tsinghua.edu.cn/anaconda/pkgs/main/noarch
                        https://mirrors.tuna.tsinghua.edu.cn/anaconda/pkgs/free/win-64
                        https://mirrors.tuna.tsinghua.edu.cn/anaconda/pkgs/free/noarch
                        https://conda.anaconda.org/anaconda-fusion/win-64
                        https://conda.anaconda.org/anaconda-fusion/noarch
                        https://repo.continuum.io/pkgs/main/win-64
                        https://repo.continuum.io/pkgs/main/noarch
                        https://repo.continuum.io/pkgs/free/win-64
                        https://repo.continuum.io/pkgs/free/noarch
                        https://repo.continuum.io/pkgs/r/win-64
                        https://repo.continuum.io/pkgs/r/noarch
                        https://repo.continuum.io/pkgs/pro/win-64
                        https://repo.continuum.io/pkgs/pro/noarch
                        https://repo.continuum.io/pkgs/msys2/win-64
                        https://repo.continuum.io/pkgs/msys2/noarch
          config file : C:\Users\michaelbuddy\.condarc
          netrc file : None
         offline mode : False
           user-agent : conda/4.3.30 requests/2.18.4 CPython/3.6.0 Windows/10 Windows/10.0.18362
        administrator : False
```

图 3-3　Anaconda 安装检查

（5）安装TensorFlow。

目前TensorFlow的安装主要分为CPU和GPU版本两种。CPU版本的安装相对简单，在Python安装环境下通过pip命令即可完成。相比之下，GPU版本的安装相对复杂，除了安装GPU版本的tensorFlow package，一般都需要额外单独安装CUDA和cuDNN。在虚拟偶像实现中，大多数算法模型对GPU显存都有一定的要求，所以在本书中推荐采用基于GPU（Nvidia系列显卡）的TensorFlow安装。另外，操作系统使用Windows 10（读者也可以根据自己的喜好使用CentOS或Ubuntu系统）。

```
pip install tensorflow==1.15      # CPU
pip install tensorflow-gpu==1.15  # GPU
```

GPU支持（可选）

CUDA 安装：在 Ubuntu 和 Windows 下使用支持 CUDA®的显卡可以支持 GPU 运算。进行 CUDA 安装需要安装 NVIDA 驱动（从 https://developer.nvidia.com/cuda-80-ga2- download-archive 下载 10.0 版本），下载完成后解压，就会生成 cuda/include、cuda/lib、cuda/bin 三个目录，复制到 CUDA 对应版本的安装目录中即可。

cuDNN 安装配置：-cuDNN 可以从 https://developer.nvidia.com/rdp/cudnn-download 中下载，下载解压后将目录和文件复制到 CUDA 的安装目录。

接下来设置系统环境变量（这里以Windows 10为例）：

```
C:\Program Files\NVIDIA GPU Computing Toolkit\CUDA\v10\bin
C:\Program Files\NVIDIA GPU Computing Toolkit\CUDA\v10\lib
C:\Program Files\NVIDIA GPU Computing Toolkit\CUDA\v10\libnvvp
C:\Program Files\NVIDIA GPU Computing Toolkit\CUDA\v10\include
```

（6）验证TensorFlow。

如果是通过Anaconda进行安装，那么激活环境后通过Anaconda Prompt，并在Python命令行内输入如下代码：

```
import tensorflow as tf
message = tf.constant('hello, welcome to Tensorflow!')
with tf.Session() as sess:
print(sess.run(message).decode())
```

安装顺利的话，就可以在控制台上看到输出的GPU和显存相关的信息（见图3-4）。其中，"/device:GPU:0"代表第一个GPU。如果有第二块GPU，就为"/device:GPU:1"。类似的CPU设备表示为"/cpu:0"。

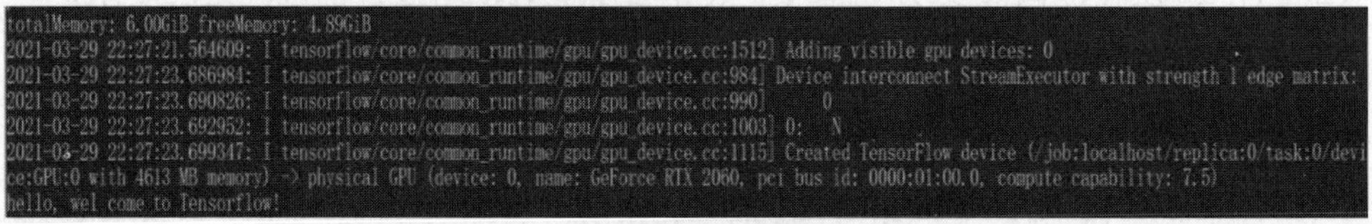

```
totalMemory: 6.00GiB freeMemory: 4.89GiB
2021-03-29 22:27:21.564609: I tensorflow/core/common_runtime/gpu/gpu_device.cc:1512] Adding visible gpu devices: 0
2021-03-29 22:27:23.686984: I tensorflow/core/common_runtime/gpu/gpu_device.cc:984] Device interconnect StreamExecutor with strength 1 edge matrix:
2021-03-29 22:27:23.690826: I tensorflow/core/common_runtime/gpu/gpu_device.cc:990]      0
2021-03-29 22:27:23.692952: I tensorflow/core/common_runtime/gpu/gpu_device.cc:1003] 0:   N
2021-03-29 22:27:23.699347: I tensorflow/core/common_runtime/gpu/gpu_device.cc:1115] Created TensorFlow device (/job:localhost/replica:0/task:0/device:GPU:0 with 4613 MB memory) -> physical GPU (device: 0, name: GeForce RTX 2060, pci bus id: 0000:01:00.0, compute capability: 7.5)
hello, welcome to Tensorflow!
```

图 3-4　控制台输出结果

3.1.3 TensorFlow 的使用

TensorFlow 广泛应用于图像、音频以及语义处理等领域，已经有很多公司基于 TensorFlow 有着成功的实践。比如 Airbnb 采用基于 TensorFlow 构建了图片分类体系用于识别用户上传图片的类别，PayPal 搭建了基于 TensorFlow 的欺诈交易检测预警系统，AlphaGo Zero 基于 TensorFlow 实现了基于神经网络的围棋决策算法，并在 2017 年战胜人类围棋专业选手。在本书中，我们会介绍基于 TensorFlow 框架的人脸检测模型以及面部表情提取。

这里使用简短的代码来进行张量Tensor的数学运算。注意，使用TensorFlow进行数学运算来处理图形是比较常用的方式。

代码清单 3-1　进行张量的数学运算

```
import numpy as np
import tensorflow as tf
a1 = np.array([(1,2,3),(4,5,6)])
a2 = np.array([(7,8,9),(10,11,12)])
a3 = tf.add(a1,a2) #或者使用乘法multiply
sess = tf.Session()
tensor = sess.run(a3)
print(tensor)
# [[ 8 10 12]
# [14 16 18]]
```

代码清单 3-2　输出张量的形状和纬度

```
print(a3.shape) # (2, 3)
print(a3.dtype) # <dtype: 'int32'>
```

CNN卷积神经网络是各类图形视觉算法的基础，在很多目标检测、人脸识别以及各种分类和预测算法中都大量使用了卷积，而在我们后续的虚拟偶像表情迁移中也用到了卷积。

TensorFlow中用到的卷积函数以及主要的参数说明如下：

```
tf.nn.conv2d(input, filter, strides, padding,
use_cudnn_on_gpu=None, data_format=None, name=None)
```

- input：需要指定输入图像的数据，当 data_format 为"HWC"时，输入数据的 shape 为[batch, in_height,in_width,in_channels]；当 data_format 为"HW"时，输入数据的 shape 为[batch, in_channels, in_height,in_width]。
- filter：定义卷积核[filter_height,filter_width,in_channels,out_channels]，其中的参数分别代表滤波器高度、宽度、图像通道数、滤波器个数。
- strides：定义卷积核在每一步的步长，一般为[1,stride,stride,1]，中间的两个参数分别代表 in_height 和 in_width，即该卷积核在高和宽两个维度上的移动步长。
- padding：定义元素内容和元素边框之间的空间填充方式，有'VALID'（边缘不填充，丢弃多余的空间）和'SAME'（边缘填充，用 0 来填充边缘）两个参数。

在构建神经网络的操作中，我们经常会用到tf.nn.max_pool池化函数和激活函数（Activation Function）。激活函数用于运行时激活神经网络中的某一部分神经元，并将激活信息向后传入下一层神经网络，常见的有tf.nn.softmax、tf.nn.relu、tf.nn.sigmoid、tf.nn.tanh等。

3.1.4 人脸检测算法

在各类基于机器视觉实现表情和面部迁移的算法中，通用的前面的步骤是人脸识别（Face Detection）和裁剪关键区域框，然后是人脸对齐（Face Alignment）。人脸对齐的关键步骤是关键点定位和检测。

1. 人脸识别

人脸识别是机器视觉应用最广泛的技术，也是机器视觉和模式识别最基本的需要解决的问题。人脸识别作为物体识别的一个分支，是一种用来识别图片中是否包含人脸进而用来判断人脸的位置和坐标的技术方向。

经典的人脸识别流程是将这个问题看成一个二分类问题，主要解决图片中是否包含人脸的问题，通过大量人脸和非人脸图片的训练，获得一个人脸检测的模型，从而推断输入图片是否包含人脸。人脸识别技术的历史可以分为以下3个阶段。

（1）第一阶段是基于模板匹配的算法

使用模板图形进行位置匹配，从而确定该位置是否包含人脸。图3-5显示了Rowley早期（1998年）提出的方法，通过构建多层感知机模型，用20×20的图片作为滑动窗口判断图片中是否包含人脸，同时借鉴图片金字塔的方式对图片进行多次采样，并对不同尺寸下的图片进行多次判断以防止遗漏前面没有检测到的人脸。初期的方法主要用于解决正面检测，对于侧面或有遮挡的人脸有一定的局限性。后期Rowley等人提出了改进方案，如图3-6所示，通过添加一个神经网络来判断面部旋转角度，并对图片进行角度旋转矫正，传入第二个神经网络进行人脸判断，从一定程度上解决了不同角度人脸识别困难的问题。一般来说图片金字塔需要更大的内存、更耗时，而且对精度和泛化性有一定的局限性，很难继续提升。

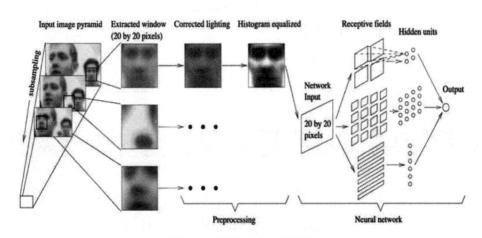

图 3-5　早期的模板匹配算法

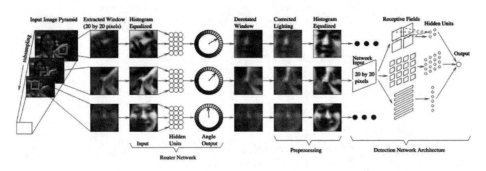

图 3-6　改进的模板匹配算法

（2）第二阶段是基于Adaboost框架的算法

Boost是一种典型的集成学习算法，通过多个简单的弱分类器建立高准确率的强分类器，较之前的模板方式效率有很大的提高，主要是基于VJ框架、采用Haar特征进行判别的。

无监督的Haar特征的人脸检测算法用于检测人脸是否存在以及鼻子、眼睛等面部五官的检测。基于Haar特征值的级联分类是一种基于机器学习的面部识别方式，其级联函数是通过从很多正负样本图像中提取特征并加以训练得出的。该算法也在OpenCV中有实现，读者可以尝试直接使用，也可根据需要训练自己的模型。

这里借助OpenCV里的示例代码来讲解人脸识别的实现方式。OpenCV里包含了关于眼睛、鼻子、笑脸等预先训练好的分类器，并存放在opencv/data/haarcascades/目录下。

下面通过前脸分类器找到图中的面部，获得检测到的面部区域后创造一个面部的兴趣区域ROI，并对该区域进行眼睛的检测（通过内置的眼睛检测的分类器来实现）。

代码清单3-3　面部分类器代码示例

```python
import numpy as np
import cv2 as cv
face_cascade = cv.CascadeClassifier('haarcascade_frontalface_default.xml')
eye_cascade = cv.CascadeClassifier('haarcascade_eye.xml')
img = cv.imread('test.jpg')
gray = cv.cvtColor(img, cv.COLOR_BGR2GRAY)

faces = face_cascade.detectMultiScale(gray, 1.3, 5)
for (x,y,w,h) in faces:
    cv.rectangle(img,(x,y),(x+w,y+h),(255,0,0),2)
    roi_gray = gray[y:y+h, x:x+w]
    roi_color = img[y:y+h, x:x+w]
    eyes = eye_cascade.detectMultiScale(roi_gray)
    for (ex,ey,ew,eh) in eyes:
        cv.rectangle(roi_color,(ex,ey),(ex+ew,ey+eh),(0,255,0),2)
```

```
cv.imshow('img',img)
cv.waitKey(0)
cv.destroyAllWindows()
```

(3)第三阶段是基于深度学习的算法

传统的人脸识别基于滑动窗口和卷积计算量很大,不过随着卷积神经网络的兴起人脸识别在精度和速度上大幅超越了之前的Adaboost框架,通过对损失函数的改进获取了更高的判断准确率。关于人脸识别的深度学习框架很多,从早期的Cascade CNN、MTCNN到Google的FaceNet、Face R-CNN等,检测精度和效率在逐步提升。这里着重介绍一下RetinaFace。这是一种基于像素级的人脸定位方法,采用特征金字塔的技术,实现了多尺度信息的融合,而且采用了多任务学习策略,可以同时预测人脸框、人脸关键点以及人脸像素的位置和对应关系,并且特定数据集在一定程度上超越了人类的识别精度。

对于人脸识别目前比较领先的算法为RetinaFace,它可以处理多个检测目标或多张人脸,并对大尺度头部变换具有良好的鲁棒性,同时也是我们在使用机器视觉算法进行虚拟偶像设置中最常用的人脸识别算法,在后文中我们会介绍基于tensorFlow的RetinaFace的实现方式。RetinaFace为Single Stage Face Detector,采用了一种多任务学习策略,可以同时对face score、面部landmark、face线框等进行推断。其主干网络是基于ResNet152金字塔结构进行特征提取的,每个正锚点Positive Anchor输出包含Face score、Face box、Facial Landmark以及dense localization mask(密集定位掩模)。

该算法的基本原理是通过预测结果判断每个预先设置好的先验框内部是否包含人脸,然后对先验框进行调整并获取人脸的5个关键点,如图3-7所示。

RetinaFace较以往的人脸识别技术有了一些改进的地方:损失函数添加了Dense Regression Branch损失,使用了mesh decoder(一种基于图卷积的方式),并通过2D人脸映射3D模型再解码成2D人脸图片,得到了Dense Regression Loss。大多数基于机器学习的人脸检测技术都引入了人脸分类的损失(Classification Loss)、人脸脸框回归损失、人脸关键点landmark的回归损失。这里的调节参数分别设置为0.25、0.1和0.01。相对于Dense Regression而言,脸框和人脸关键点的权重更高、更重要。

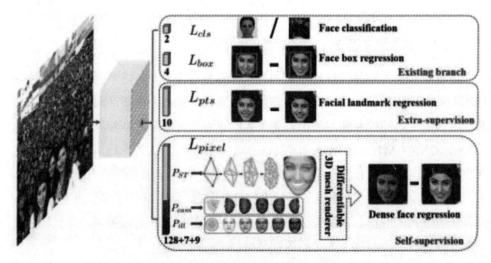

图 3-7　RetinaFace 算法流程图

从模型结构上来说，RetinaFace借鉴了特征金字塔和Context Module的实现方式，如图3-8所示。其中，左半部分是典型的特征金字塔FPN，借助bottom-up、top-down和lateral connection的组合方式使高低分辨率和高低语义信息的特征相融合，从而使得不同尺度Feature Map获取到全方位更丰富的信息。语义模型Context Module通过增大感受野可以进行较小的面部识别。

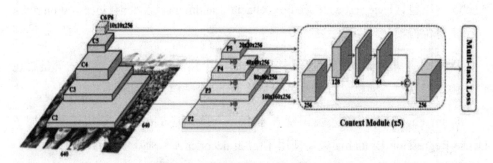

图 3-8　RetinaFace 模型结构图

RetinaFace目前已经有了开源实现，并且可以用pip来进行安装（通过简单的命令行 #!pip install retina-face 即可完成安装），不过可能需要安装依赖安装包。

接下来我们通过简单的命令行导入RetinaFace库,通过传递图片的路径调用面部识别函数让输出中包含人脸识别的置信分、面部区域的坐标、人脸关键点坐标和对应的置信分数等。

代码清单3-4　RetinaFace 的调用和输出示例

```
from retinaface import RetinaFace
img_path = "test.jpg"
faces = RetinaFace.detect_faces(img_path)

###output
{
  "face_1": {
    "score": 0.9995620805842468,
    "facial_area": [156, 79, 425, 441],
    "landmarks": {
      "right_eye": [256.79826, 208.63562],
      "left_eye": [374.79427, 250.77857],
      "nose": [302.4773, 298.79034],
      "mouth_right": [227.67195, 337.16193],
      "mouth_left": [319.19982, 376.47698]
    }
  }
}
```

2. 面部关键点检测（Face Alignment）

（1）人脸关键点标记

人脸关键点标记了脸部的重要特征点,通常在人脸识别、表情分析以及各类美颜应用中有着广泛的应用。目前常见的标记点有5点、68点和106点标注,而68点标注是使用最广泛的标注方式,并在OpenCV中的Dlib算法中采用。

代码清单3-5　Dlib 调用代码示例

```
import cv2
import dlib
import numpy as np
```

```python
    detector = dlib.get_frontal_face_detector()
    predictor = dlib.shape_predictor("data/shape_predictor_68_face_landmarks.dat")

    img = cv2.imread("test.jpg")
    img_gray = cv2.cvtColor(img, cv2.COLOR_RGB2GRAY)

    rects = detector(img_gray, 0)
    for i in range(len(rects)):
        landmarks = np.matrix([[p.x, p.y] for p in predictor(img, rects[i]).parts()])
        for idx, point in enumerate(landmarks):
            pos = (point[0, 0], point[0, 1])
            cv2.circle(img, pos, 2, color=(0, 255, 0))
            font = cv2.FONT_HERSHEY_SIMPLEX
            cv2.putText(img, str(idx + 1), None, font, 0.8, (0, 0, 255), 1, cv2.LINE_AA)

    cv2.namedWindow("testImage", 2)
    cv2.imshow("testImage", img)
    cv2.waitKey(0)
```

执行该代码的结果如图3-9所示，可以看出68个特征点都被标记出来。

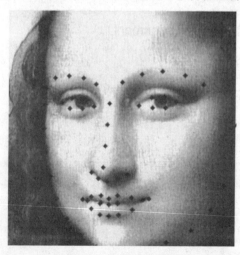

图3-9 人脸标记结果

（2）更好地拟合人脸

到2013年，汤晓鸥等首次使用CNN卷积神经网络应用到人脸关键点定位上。人脸关键点标记的发展有近30年的历史。从1995年Cootes提出的基于ASM（Active Shape Model）的生成式方法（Generative Methods），通过将人脸对齐作为优化问题来处理，该模型能够寻找最优的参数，这类深度学习的方法称为判别式方法（Discriminative Method）。直接从外观推断目标位置，或采用局部回归器来定位面部关键点，进而使用全局形状模型进行调整并使其规划化。

2017年诺丁汉大学的Adrian Bulat等人提出了2D和3D人脸对齐的Face Alignment Network（FAN）的实现算法，基于深度学习的方法可以同时完成2D和3D关键点的分析获取，相对于之前的算法，包含了一些新的技术和突破。

- 将最先进的人脸特征定位与最先进的残差模块相结合，构建了一个非常强大的基线，在一个庞大的2D人脸数据集上进行训练，最后在所有其他2D人脸特征数据集上进行评估。
- 将2D特征点标注转换为3D，并创建了迄今为止最大和最具挑战性的3D人脸特征数据集LS3D-W（约230 000张图像）。
- 训练神经网络进行3D人脸对齐并在LS3D-W上进行评估。
- 进一步研究影响面部对齐性能的所有"传统"因素的影响，如大姿势、初始化和分辨率，并引入一个"新"因素，即网络的大小。
- 结果表明该算法对2D和3D人脸对齐网络都实现了非常好的性能。

这里主要介绍一下FAN的开源实现。通过下述代码的执行结果可以看出，该算法在不同头部姿态、不同光照以及部分遮挡的图片上具有很好的表现，这为后续的实时表情迁移用于虚拟偶像表情驱动奠定良好的基础和支撑，如图3-10所示。

图 3-10 基于 FAN 算法的人脸特征点标记结果

代码清单 3-6　face_alignment 调用示例

```
import face_alignment
from skimage import io
fa = face_alignment.FaceAlignment(face_alignment.LandmarksType._2D, flip_input=False)

input = io.imread('test.jpg')
preds = fa.get_landmarks(input)
```

在此之前我们介绍一下CNN卷积神经网络。CNN广泛用于图片识别和分类的各种领域中,并在人脸识别和自动驾驶很多场景中得到广泛应用。LeNet作为第一个提出的CNN架构用于字符识别,通过Concolution、ReLu、Polling和Classification等步骤构成了基本的CNN结构,并且可以通过增加网络的层次获取更加抽象的特征。这里以图像分类(人脸识别)为例子,第一层网络可能会通过像素点获取轮廓边缘信息,第二层网络通过轮廓获取简单的形状信息,比如眼睛、鼻子等,第三层网络获取更高维度的信息,比如完整的人脸,如图3-11所示。

第 3 章 常用的机器学习框架介绍 | 51

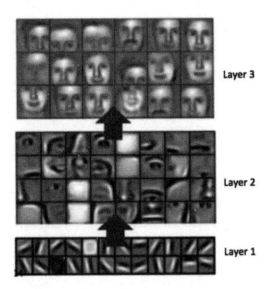

图 3-11 多层次识别不同层级的人脸特征

这里介绍一下Stacked Hourglass算法（模型见图3-12），它是一种解决人体姿态分析和面部检测问题的经典算法。Stacked Hourglass模型通过利用多尺度特征来识别姿态，并且可以在不同的feature map上利用最佳的识别准确度对不同的部位进行识别。

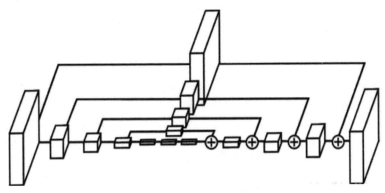

图 3-12 沙漏 Hourglass 模型

代码清单 3-7 残差网络定义

```
def _residual(self, inputs, numOut, name = 'residual_block'):
    with tf.name_scope(name):
```

```python
            convb = self._conv_block(inputs, numOut)
            skipl = self._skip_layer(inputs, numOut)
            if self.modif:
                return tf.nn.relu(tf.add_n([convb, skipl], name = 'res_block'))
            else:
                return tf.add_n([convb, skipl], name = 'res_block')

    def _skip_layer(self, inputs, numOut, name = 'skip_layer'):
        with tf.name_scope(name):
            if inputs.get_shape().as_list()[3] == numOut:
                return inputs
            else:
                conv = self._conv(inputs, numOut, kernel_size=1,
                    strides = 1, name = 'conv')
                return conv

    def _conv_block(self, inputs, numOut, name = 'conv_block'):
        with tf.name_scope(name):
            with tf.name_scope('norm_01'):
                norm_01 = tf.contrib.layers.batch_norm(inputs, 0.8,
         epsilon=1e-5, activation_fn = tf.nn.relu, is_training = self.training)
                conv_01 = self._conv(norm_1, int(numOut/2),
        kernel_size=1, strides=1, pad = 'VALID', name= 'conv')
            with tf.name_scope('norm_02'):
                norm_02 = tf.contrib.layers.batch_norm(conv_01, 0.8,
epsilon=1e-5, activation_fn = tf.nn.relu, is_training = self.training)
                pad = tf.pad(norm_2,
np.array([[0,0],[1,1],[1,1],[0,0]]), name= 'pad')
                conv_02 = self._conv(pad, int(numOut/2),
kernel_size=3, strides=1, pad = 'VALID', name= 'conv')
            with tf.name_scope('norm_03'):
                norm_03 = tf.contrib.layers.batch_norm(conv_02, 0.8,
epsilon=1e-5, activation_fn = tf.nn.relu, is_training = self.training)
                conv_3 = self._conv(norm_3, int(numOut),
```

```
kernel_size=1, strides=1, pad = 'VALID', name= 'conv')
        return conv_03
```

Hourglass是由残差模块组成的，通过上下两个通路以及残差模块的构建提取更深层次的特征。残差模块是一种旁路相加的结构（见图3-13），通过对卷积路和跳级路的叠加，可以在提取高层次特征的同时保留原来的层次信息。这里可以看出基本机构包含两个通路，上通路在原来的尺寸进行，通路通过先降采样再升采样的过程进行处理。图3-14显示一阶Hourglass的结构，类似的多阶结构可以通过递归替换虚线框中的结构获取。

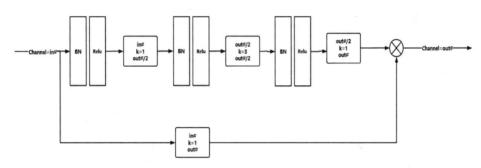

图 3-13　残差模块的结构

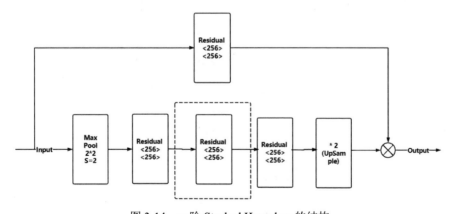

图 3-14　一阶 Stacked Hourglass 的结构

同理，我们可以获得四阶Hourglass，如图3-15所示。这里降采样采用MaxPooling的方式，升采样采用最近邻Nearest将分配率提升一倍，每次升采样后和上一个尺寸的数据相加，并且在降采样之前新建一层保留原始尺寸信息。

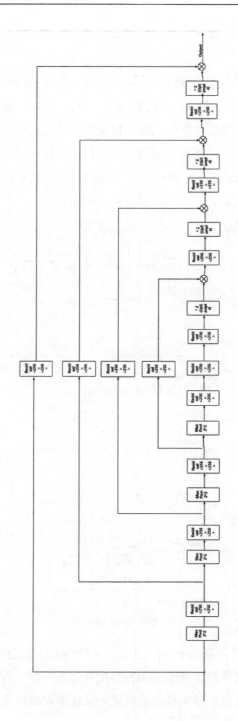

图 3-15 四阶 Stacked Hourglass 的结构

最终，生成每个关键点的heat map，并得出各个关节点的概率，选择概率值最高的部分作为各关键部位的位置推断。

代码清单 3-8　Stacked Hourglass 模型定义

```
def _hourglass(self, inputs, n, numOut, name = 'hourglass'):
    with tf.name_scope(name):
        up_01 = self._residual(inputs, numOut, name = 'up_01')
        low_ = tf.contrib.layers.max_pool2d(inputs, [2,2], [2,2], padding='VALID')
        low_01= self._residual(low_, numOut, name = 'low_01')

        if n > 0:
            low_02 = self._hourglass(low_01, n-1, numOut, name = 'low_02')
        else:
            low_02 = self._residual(low_01, numOut, name = 'low_02')

        low_03 = self._residual(low_2, numOut, name = 'low_03')
        up_02 = tf.image.resize_nearest_neighbor(low_3, tf.shape(low_3)[1:3]*2, name = 'upsampling')
        if self.modif:
            return tf.nn.relu(tf.add_n([up_02,up_01]), name='out_hg')
        else:
            return tf.add_n([up_02,up_01], name='out_hg')
```

3.2　PyTorch 基础及应用

本节介绍当前流行的深度学习框架PyTorch，包括其安装和简单使用。

3.2.1　PyTorch 概述

Torch是一个机器学习算法框架，而PyTorch由Facebook的人工智能团队开发，是基于Torch 框架上建立的基于Python语言并针对Python做了优化以运行Python

更有效的开源机器学习框架。

PyTorch支持动态计算图,提供了支持Dynamic Computational Graphs的计算平台,可以在运行时进行修改,同时PyTorch具有非常易用的接口,容易理解和使用,也保留了Torch多层叠加的特性。在使用上,PyTorch和NumPy非常接近,可以认为是NumPy在GPU上的扩展。相比TensorFlow和其他命令式编程语言,PyTorch可以通过反向求导技术减少TensorFlow等静态框架修改网络结构时必须从头构建的困扰,从而可以快速构建并修改神经网络。

3.2.2 PyTorch 的安装

安装PyTorch的方法很多,这里介绍一下基于Anaconda的安装方式。

(1)首先打开PyTorch的官方网站,选择PyTorch版本、操作系统、Conda安装包、Python语言以及GPU平台版本(这里选择CUDA或CPU),如图3-16所示。

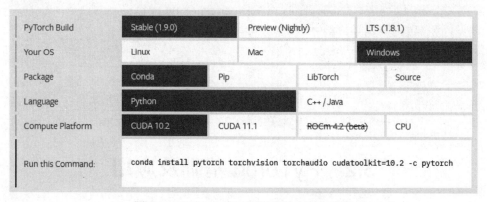

图 3-16 PyTorch 官方网站安装命令生成器

(2)打开Anaconda管理器,选择Anaconda命令行,复制粘贴上述网站上的安装命令:

```
conda install pytorch torchvision torchaudio cudatoolkit=10.2 -c pytorch
```

(3)等待安装完成后,通过运行以下代码查看安装结果,如果没报错信息就表示安装成功：

```
import torch
print(torch.__version__)

x=torch.rand(2,2)
print(x)
```

3.2.3　PyTorch 的使用

PyTorch是一个开源的机器学习框架，其创造性地加速了从研究原型到产品部署的整个过程。一般而言学习新框架从基础特性着手，PyTorch主要包含如下特点：

（1）首先它支持一个完整的Deep Learning的项目流程，这个流程涵盖了从研究性的试验到生产环境的部署的端到端的方案。从功能的角度来说，PyTorch支持神经网络、激活和损失函数以及各种优化器的高级封装；另外可以使用PyTorch相关的library，可以快速进行机器视觉、自然语言处理以及语音分析的应用。

（2）PyTorch的另一个特性是支持机器学习模型和应用的快速迭代，其自带的autograd变量自动求导，可以通过一个简单的函数调用即可实现复杂的神经网络后向传播过程。

（3）从模型部署和量化的角度来说，PyTorch提供了torchscript工具，它可以将PyTorch代码转化成序列化和优化的模型；与此同时，pyTorch还提供了模型部署工具torchserve，用来部署PyTorch模型以进行企业级规模的模型推理。

在PyTorch中有几种常见概念：分别是PyTorch张量、数学运算、Autograd模块、Optim模块、神经网络模块。

PyTorch中重要的概念——Tensor，即张量，Tensor作为PyTorch中的重要的数据结构，通常被用来存储和转换数据的工具，可能是一个向量、矩阵或高纬张量等。Tensor提供了类似NumPy的接口设计，并且从功能和使用方式上和NumPy的ndarrays比较相似，但区别在于Tensor可以运行在GPU或其他硬件加速器上。

目前Tensor支持的类型如表3-1所示，其支持8种GPU tensor类型和8种CPU tensor类型。

表 3-1 PyTorch 常见的 tensor 类型

Data type	GPU tensor	CPU tensor
32-bit floating point	torch.cuda.FloatTensor	torch.FloatTensor
64-bit floating point	torch.cuda.DoubleTensor	torch.DoubleTensor
16-bit floating point	torch.cuda.HalfTensor	torch.HalfTensor
8-bit integer (unsigned)	torch.cuda.ByteTensor	torch.ByteTensor
8-bit integer (signed)	torch.cuda.CharTensor	torch.CharTensor
16-bit integer (signed)	torch.cuda.ShortTensor	torch.ShortTensor
32-bit integer (signed)	torch.cuda.IntTensor	torch.IntTensor
64-bit integer (signed)	torch.cuda.LongTensor	torch.LongTensor

而数学运算是使用PyTorch提供的接口函数进行运算，比如矩阵的加、减法和二维或多维矩阵的乘法等，目前支持超过180多种常见的数学计算。

autograd模块提供了一种自动微分（Automatic Differetiation）的方式，通过记录所有执行操作，然后回放记录从而进行梯度的计算，常用于创建神经网络中以提高效率。下述代码示例显示了一个autogard的调用过程。

代码清单 3-9 autograd 方法

```
import torch
from torch.autograd import Variable

x=torch.randn(3)
print(x)
# tensor([1.5370, 0.3553, 0.7595])

vx=Variable(x,requires_grad=True)
print(vx)
# tensor([1.5370, 0.3553, 0.7595], requires_grad=True)

y=x+2
print(y)
# tensor([3.5370, 2.3553, 2.7595], grad_fn=<AddBackward0>)
```

autograd方法的调用示意图如图3-17所示。

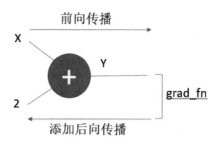

图 3-17 autogard 的调用示意图

Torch.optim是一个优化算法的模块,用于构建神经网络,并且借助该优化器可以自动更新权重;optim模块涵盖了很多深度学习常用的优化算法,比如Adam、RMSProp等。

代码清单 3-10 optim 优化器方法

```
optimizer = torch.optim.RMSprop(model.parameters(),
lr=learning_rate)# tensor()
```

作为神经网络模块,PyTorch的nn模块用于快速创建神经网络层,通过指定输入和输出,快速构建复杂的神经网络。

代码清单 3-11 nn 神经网络方法

```
import torch
import torch.nn as nn

class Model(nn.Module):
    def __init__(self):
        super().__init__()
        self.layer1=nn.Linear(128,32)
        self.layer2=nn.Linear(32,16)
        self.layer3=nn.Linear(16,1)

    def forward(self,features):
        x=self.layer1(features)
        print(x.shape)
        #(32,128)
        x=self.layer2(x)
```

```
            #(32,32)
            x=self.layer3(x)
            #(32,1)
            return x
```

PyTorch常见模块执行示意图如图3-18所示。

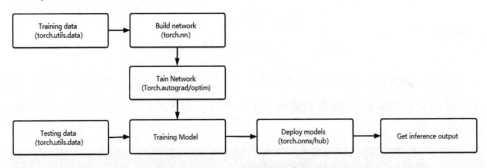

图3-18　PyTorch常见模块执行示意图

创建一个Tensor，引入PyTorch包。

代码清单 3-12　Tensor创建示例代码

```
import torch
print(torch.__version__)   #输出Torch的版本号

x=torch.empty(4,3)    #创建未初始化的Tensor
x=torch.rand(4,3)     #创建随机初始化的Tensor
#   tensor([[0.5701, 0.7696, 0.7158],
#           [0.0885, 0.4214, 0.8569],
#           [0.8384, 0.1906, 0.0332],
#           [0.2917, 0.0507, 0.2818]])

print(x.shape)    #获取Tensor的形状
print(x.size())
#   torch.Size([4, 3])
#   torch.Size([4, 3])


y = torch.zeros(4,3)    #创建全为0的Tensor
#   tensor([[0., 0., 0.],
#           [0., 0., 0.],
```

```
#        [0., 0., 0.],
#        [0., 0., 0.]])

z = torch.ones(4,3)    #创建全为1的Tensor

# tensor([[1., 1., 1.],
#         [1., 1., 1.],
#         [1., 1., 1.],
#         [1., 1., 1.]])
```

当我们创建Tensor时，会自动根据张量元素指定Tensor的数据类型。当然，也可以覆盖数据类型重新指定。

代码清单 3-13　指定 Tensor 的数据类型

```
int_tensor=torch.tensor([[0,1,2],[3,4,5]])
print(int_tensor.dtype)
# torch.int64

float_tensor=torch.tensor([[0,1,2.0],[3,4,5]])
print(float_tensor.dtype)
# torch.float32

int_tensor=torch.tensor([[0,1,2.0],[3,4,5]],dtype=torch.int32)
print(int_tensor.dtype)
# torch.int32
```

可以通过numpy()和from_numpy()将Tensor和NumPy进行转换。

代码清单 3-14　Tensor 和 NumPy 数组的转换

```
import numpy as np

a=torch.rand(4,3)    #创建随机初始化的Tensor
a_numpy=a.numpy()
print(a_numpy)

# [[0.9461017  0.6483156  0.7868583 ]
#  [0.9562039  0.21348149 0.15899396]
#  [0.7485612  0.6835172  0.22847831]
```

```
# [0.52555925 0.435982   0.14639515]]

b=np.array([[1,2,3,4],[5,6,7,8]])
b_tensor=torch.from_numpy(b)
print(b_tensor)

# tensor([[1, 2, 3, 4],
#         [5, 6, 7, 8]], dtype=torch.int32)
```

可以通过一些数学函数进行四则运算。

代码清单 3-15　基于 Tensor 的数学四则运算

```
##加法
x=torch.tensor([[1,2],[3,4]])
print(x.shape)
y=torch.tensor([[3,4],[1,2]])
print('x+y',torch.add(x,y))
# x+y tensor([[4, 6],
#         [4, 6]])

##减法
print('x-y',torch.sub(x,y))
# x-y tensor([[-2, -2],
#         [ 2,  2]])

##乘法
print('x*2',x*2)
##基于元素的乘法
print('x*y',x*y)
# x*y tensor([[3, 8],
#         [3, 8]])
##矩阵的乘法
print(torch.mm(x,y))
# tensor([[ 5,  8],
#         [13, 20]])

##除法
print('x/2',x/2)
```

```
# x/2 tensor([[0, 1],
#         [1, 2]])
print('x/y',x/y)
# x/y tensor([[0, 0],
#         [3, 2]])
```

使用to()函数可以将Tensor在GPU或CPU之间移动，在有GPU的机器上转换成GPU类型的Tensor可以利用并行计算的特性来加速运算，在深度学习中具有广泛的应用。

代码清单3-16　Tensor在GPU上的计算

```
#创建一个基于CPU的Tensor
tensor_for_cpu = torch.tensor([[1.0, 2.0, 3.0],[ 4.0, 5.0, 6.0]], device='cpu')
# tensor([[1., 2., 3.],
#         [4., 5., 6.]])

#创建一个基于GPU的Tensor
tensor_for_gpu = torch.tensor([[1.0, 2.0, 3.0],[ 4.0, 5.0, 6.0]], device='cuda')
# tensor([[1., 2., 3.],
#         [4., 5., 6.]], device='cuda:0')

#互相转换
tensor_cpu_gpu = tensor_for_cpu.to(device='cuda')
# tensor([[1., 2., 3.],
#         [4., 5., 6.]], device='cuda:0')
```

这里介绍一个通过PyTorch实现卷积神经网络CNN的例子。卷积神经网络是我们在日常工作学习中经常遇到的一个网络框架，而且经常用于图片处理的相关场景中，通过提取低纬度的边缘特征开始，然后到一些高纬度的特征。下面的代码示例是一个典型的图形分类的问题，包含了2层卷积层，通过归一化和池化函数的组合构建一层全连接层，最后输出预测的分类，通过One hot计算出各标签的概率，然后通过argmax得出最后的选择。由于是解决分类问题，因此这里引入交叉熵损失函数（Cross Entropy Loss）用于描述模型和理想的距离。

代码清单 3-17　图形分类

```python
class CNNNet(Module):
    def __init__(self):
        super(CNNNet, self).__init__()

        self.cnnlayers = Sequential(
            #创建第一层卷积
            (1, 4, kernel_size=3, stride=1, padding=1),
            BatchNorm2d(4),
            MaxPool2d(kernel_size=2, stride=2),
            #创建第二层卷积
            Conv2d(4, 4, kernel_size=3, stride=1, padding=1),
            BatchNorm2d(4),
            MaxPool2d(kernel_size=2, stride=2),
        )

        self.linear_layers = Sequential(
            Linear(4 * 7 * 7, 6)
        )

    # Defining the forward pass
    def forward(self, x):
        x = self.cnnlayers(x)
        x = x.view(x.size(0), -1)
     #只有转换成二维张量后才能作为全连接的输入
        x = self.linear_layers(x)
        return x

#接下来给这个模型添加损失函数等
model = CNNNet()
#定义优化器
CNN_Optimizer = optim.Adam(model.parameters(), lr = 0.0001)
#定义损失函数
loss= CrossEntropyLoss()
if torch.cuda.is_available():
 model=model.cuda()
 loss= loss.cuda()
```

```
print(model)
```

在之前的章节中我们介绍了如何上手使用PyTorch，这里介绍基于Torchvision Package预训练模型的图形分类算法的实现方式。Torchvision Package是一个基于PyTorch的工具集，主要用于处理图形视频等，包含了常用的数据集、模型结构和图形转换工具等。Torchvision里也包含了关于图形视频的数据集，比如常见的COCO（用于图像标注和目标检测）和imagenet（由斯坦福大学发起，包含了1400万张图片以及对应的分类和标注，目前包含2万个不同的类别）。类似地，在Torchvision的models模块中包含目前流行的AlexNet、ResNet、VGG和DenseNet模型等。这里使用预训练模型Alexnet和ResNet等可以直接接收图片作为输入，然后通过模型输出其类别。

图像分类的步骤是先读取输入图片，然后对图片数据进行预处理（图像切割、图像正则化等），接着将处理后的数据输入模型进行前向传播，最后根据输出显示预测结果。

代码清单3-18　加载预训练模型

```
from torchvision import models
import torch
model = models.alexnet(pretrained=True)
device = torch.device('cuda') if torch.cuda.is_available() else torch.device('cpu')
model.to(device)
model.eval()
```

执行好上述代码后，AlexNet的预训练模型文件（通常后缀为.pth或.pt）会下载到本地。这里通过制定CUDA来利用GPU进行模型加载和后续的推理。接下来介绍图片的预处理步骤。

代码清单3-19　图片预处理

```
import torchvision.transforms as transforms
from torchvision import transforms
loader = transforms.Compose([                    #(1)
  transforms.Resize(256),                        #(2)
```

```
    transforms.CenterCrop(224),              #(3)
    transforms.ToTensor(),                   #(4)
    transforms.Normalize(                    #(5)
    mean=[0.485, 0.456, 0.406],              #(6)
    std=[0.229, 0.224, 0.225]                #(7)
)])
```

（1）为了将输入数据符合预训练模型的尺寸，我们这里需要对PIL.Image进行变换，并通过transforms.Compose类将多个transform串联起来使用。

（2）将图片缩放尺寸为256×256，将最小边长缩放到256像素，另一边按照原长宽比进行缩放。

（3）将图片中心切割成224×224像素的正方形。

（4）将图片对象转换成Shape为[Channel,Height,Width]的PyTorch的数据类型。

（5）将图片中心切割成224×224像素的正方形。

（6）根据给定的均值和方差将Tensor进行正则化处理，即Normalized_image=(image- mean)/ std。

接下来通过PIL（Pillow模块）读取图片、转换图片并输出到预训练模型中进行推理。

代码清单3-20　模型推理

```
from PIL import Image
image = Image.open('cat.jpg')
img_tensor = loader(img)
batch_tensor = torch.unsqueeze(img_tensor, 0)
model.eval()
out = model(batch_tensor)
_, index = torch.max(out, 1)
perc = torch.nn.functional.softmax(out, dim=1)[0] * 100
print(labels[index[0]], perc[index[0]].item())
```

AlexNet的输出会包含1000个常见分类以及相关的置信度，这里输出最大值得出机器认为的输出结果。

有了上述例子和经验，我们了解了使用PyTorch进行图片预处理和推理的方法，同时为后续基于PyTorch的动作同步框架等奠定了理论和实践基础。

3.2.4　基于 PyTorch 的动作同步算法

目前Pose estimation有两种主流方式：

- 第一种是 top-down 方法，首先判断图片中是否包含人体，如果包含就根据边缘方框做基于单一人体的姿态估计，如果包含多个人体就重复这个步骤，得出整个图片的 Pose estimation。这种方式的缺点显而易见，如果包含人体过多，就会拖慢整个检测和推理的速度。
- 第二种方法是自下而上的，基本思想是获取到关键点位置，然后推断骨架的构成。其关键步骤是通过一个关键点亲和场（PAFs）来实现。

之前我们介绍了基于TensorFlow的面部表情迁移算法，这里我们引入人体姿态识别项目OpenPose，介绍基于PyTorch的OpenPose的开源实现。

OpenPose被认为是人体姿态估计机器学习方向的里程碑，是卡耐基梅隆大学的Ginés Hidalgo、Zhe Cao、Tomas Simon等人提出的，用于单张图片实时检测多个人物人体、面部表情和手部/脚部运动的处理框架（包含135个关键点）。OpenPose广泛使用在各种应用中，比如的动作检测用于虚拟健身教练等，当然也可以使用在虚拟人物动作的迁移上。通过OpenPose获取视频人物或实时视频流的人体姿态关键点，进而生成vmd动画文件，最好导入Unity或者Blender等3D动画引擎中，通过骨骼绑定导入动作文件，从而驱动3D模型使得虚拟人物动起来。

OpenPose的主要功能是用于2D实时多人关键点检测：

- 15、18或25个关键点身体/脚关键点姿态估计（其中包括6个脚部关键点）。
- 21关键点手动关键点估计以及70关键点人脸关键点估计等。

目前的输入包含图片、视频、摄像头以及深度摄像头等。其输出可以保存图片格式或者将关键点以JSON/XML等文件形式存储，以便后期加工处理。操作系统支持Windows或Linux/MAC等系统，目前支持CUDA/OpenCL以及CPU等。

OpenPose可以输出2D或者3D的坐标位置，但是3D坐标输出依赖于景深摄像头，这里引入另一种解决方案，通过2D估算点来推断在3D空间里的位置和旋转角度。

首先我们看一下OpenPose里的输出，目前OpenPose通过制定write_json参数可以将人体关键点根据每一帧输出到JSON文件中。其中，pose_keypoints_2d用来表示身体部位的位置和置信度，以 x0,y0,c0,x1,y1,c1... 等来表示；face_keypoints_2d、hand_left_keypoints_2d等表示面部和手部的位置数据。

代码清单 3-21　OpenPose 输出样例

```
{
        "version":1.1,
        "people":[
        {
                "pose_keypoints_2d":[582.349,507.866,
0.845918,746.975, 631.307,0.587007,...],
                "face_keypoints_2d":[468.725,715.636,
0.189116,554.963, 652.863,0.665039,...],
                "hand_left_keypoints_2d":[746.975,
631.307,0.587007, 615.659,617.567,0.377899,...],
                "hand_right_keypoints_2d":[617.581,
472.65,0.797508, 0,0,0,723.431,462.783,0.88765,...]
                "pose_keypoints_3d":[582.349,507.866,507.866,
0.845918,507.866,746.975,631.307,0.587007,...],
                "face_keypoints_3d":[468.725,715.636,
715.636,0.189116, 715.636,554.963,652.863,0.665039,...],
                "hand_left_keypoints_3d":[746.975,
631.307,631.307, 0.587007,631.307,615.659,617.567,0.377899,...],
                "hand_right_keypoints_3d":[617.581,
472.65,472.65, 0.797508,472.65,0,0,0,723.431,462.783,0.88765,...]
        }
        ],
}
```

接下来我们将2D预测点（常见的为18预测点）转换成3D空间下的预测点。这里引入一种基于GAN的将2D空间的坐标映射到3D空间的估算方法，训练数据集合采用Human3.6M目前最完整的3D图片数据集，输出结果是满足Human3.6M的骨骼节点（见图3-19）格式的数据集。

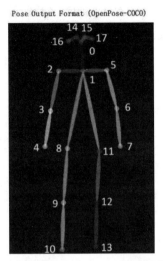

图 3-19　OpenPose-COCO 骨骼示意图

该模型是Kudo、Ogaki于2018年提出的一种基于GAN的2D转3D坐标系的有效尝试。其想法是通过给到的2D关键点的位置（x, y），生成器Generator针对每对坐标对生成z轴的位置，最终的3D姿态是通过y轴的分量旋转角度获得的，而旋转得到的姿态后续会映射到X、Y平面中去，进而用discriminator判别器来区别2D姿态和映射后的3D姿态之间的差别，如图3-20所示。

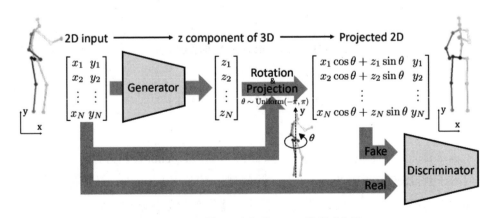

图 3-20　2D 转 3D 坐标的 GAN 模型示意图

接下来将3D结果点通过DCM余弦计算出旋转欧拉角度,进而生成BVH文件。这里需注意,转换成3D空间下的关键点顺序和BVH有些区别。这里使用的算法输出的是符合Human3.6M的骨骼结构(见图3-21),需要进行映射后根据BVH文件结构写入,其中包含Hierarchy和Motion部分。

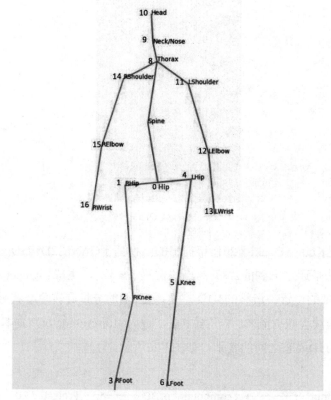

图 3-21　基于 Human3.6M 的骨骼节点

3.3　小　　结

本章首先介绍了机器学习框架TensorFlow和PyTorch的使用方式,后面讲解了如何基于TensorFlow和PyTorch实现人脸检测、面部关键点预测,从而进行表情迁移和动作捕捉同步。本章的内容为后面进行虚拟偶像创作起到铺垫的作用。

第4章

虚拟偶像模型创建工具

虚拟偶像制作首先需要创建虚拟偶像的模型，目前虚拟偶像模型主要有2D和3D两种形式。2D模型的实现方式大使用多Live2D，技术难度低，是目前常见的定制模型，价格较低。3D模型的实现方式多样，除去虚拟主播运营社团为全身动捕制作的3D模型，各类虚拟形象App制作的也多数是3D模型。

本章主要介绍2D和3D建模工具Live2D和Blender及其在模型创建上的应用。

4.1 Live2D 建模

Live2D是一款由日本Cybernoids公司开发的功能强大的渲染软件，是一种在2D插图中加入立体动画的表现技术。Live2D直接将原图当作素材使用，既保持了原作的意境、质感，直接发挥该图形的魅力，又能使绘制的图像立体、互动地进行表现，产生的复合效果进一步增强对作品的想象力。通过对连续图像和人物建模来生成一种类似三维模型的二维图像，可以在保持原画魅力的同时实现立体表现。

　　Live2D 提供了丰富变形工具，通过变形路径、弯曲变形器、旋转变形器等能在原图上根据各种情形进行变形，按照设想进行立体表现。

4.1.1　Live2D 安装

　　Live2D 提供了 Cubism Editor 和 Cubism Viewer 两种工具：Cubism Editor 提供了 Live2D 模型和动画的制作；Cubism Viewer 既能够将 Live2D 的模型与动作以接近真机的样子展示，也能够输出开发所需要的物理演算与表情设定。Live2D 提供了 Windows 和 Mac 两个版本的下载，其下载界面如图 4-1 所示，下载地址为 https://www.live2d.com/zh-CHS/download/cubism/，输入相关信息即可下载。

图 4-1　软件下载界面

　　Live2D 的安装过程比较简单，Mac 端安装过程如图 4-2 所示。

第 4 章 虚拟偶像模型创建工具 | 73

图 4-2 Live2D 安装流程

Live2D安装成功后有Live2D Cubism Editor和Live2D Cubism Viewer两个软件。目前Live2D Cubism Editor分为试用版和专业版两种版本。专业版提供了比免费版更全的建模、动画功能。Live2D Cubism Editor版本选择如图4-3所示。

图 4-3 Live2D Cubism Editor 版本选择

Cubism Editor提供了建模和动画两种模式，可以在编辑器左上角的[Model][Animation]进行模式切换。软件打开后默认进入建模模式，在此模式下对插图添加动作，建立模型，工作界面如图4-4所示。

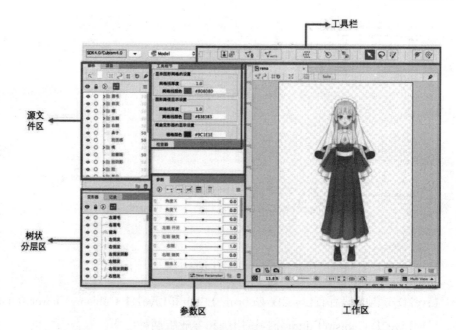

图 4-4 建模模式工作界面

在动画模式下为创建的模型添加动画,工作界面如图4-5所示。

图 4-5 动画模式工作界面

4.1.2 Live2D 人物建模

Live2D模型制作主要有插图的准备及处理、模型建立、动画制作和导出模型等步骤。

1. 插图的准备及处理

在Live2D上运行的插图静态时看起来像是一个插图,实际上却被分为了头发、眉毛、睫毛和耳朵等几个部分。Live2D通过分割部分的平移、旋转和变形等操作来实现角色的移动,生成一个具有自然动画效果的人物模型。原始图像的分割根据人物模型的需求来定,一般越精细的模型分割的部分越多。插图大致分为头发、脸部和身体等,详细划分如下:

(1)头发分为刘海、侧身头发和后发,如图4-6所示。把它分成不同的层,更容易附加动作。

图 4-6 头发的分割

(2)面部分为眼睛、鼻子、眉毛、嘴巴、轮廓和耳,如图4-7所示。其中,眼睛细化可以分为睫毛、眼球和眼白;眉毛不是变形很大的部分,只需跟人物本身分开即可;嘴巴分为上下嘴唇以及嘴巴内部。

(3)身体分为颈部、躯干、手臂和腿部等,如图4-8所示。颈部增加稍微多一点,以避免在移动脸部时被打破。手臂的运动最好是将上臂、前臂和手分开。

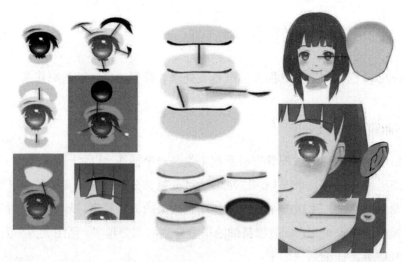

图 4-7　面部分割

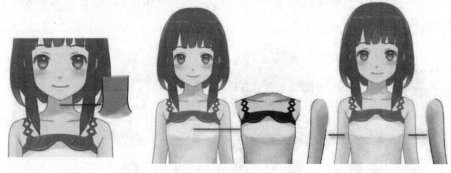

图 4-8　身体分割

2. 模型建立

模型建立是对插图文件根据Live2D的规则进行处理,生成相应的动作的过程。主要可分为网格生成、面部表情添加、身体运动、面部方向运动等。

（1）网格生成

首先将PSD文件导入到Live2D Cubism Editor软件中,加载后画布上会显示插图信息。单击导入的插图时,显示的白点与灰线称为网格。网格的白点称为顶点,通过移动此顶点,可以改变形状。

Live2D提供了自动和手动两种方式来进行网格的编辑,如图4-9所示。自动生成网格会根据设置调整网格的大小和宽度。网格手动编辑可以根据个人喜好,对画布上的顶点进行添加和删除,完成对纹理的调整。一个个地调整网格是一项艰巨的工作,可以对眉毛、睫毛、嘴唇等大形变部件进行调整。

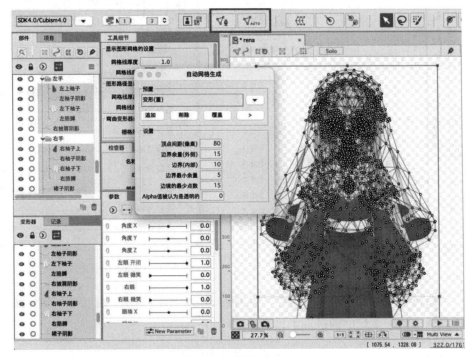

图4-9　网格编辑

（2）面部表情制作

面部表情的处理主要是对眼睛、睫毛、眼白、眉毛、嘴巴等的形变添加。在编辑相应面部表情时可以锁定编辑以外的部分,以便于控制操作范围,如图4-10所示。

对眉毛进行变形时,可以锁定除此部件之外的部件。然后添加选定状态的动作Parameter(s)分别进行选择。①选择"眉毛 上下" Parameter(s);②点击调色板顶部的"添加2个键"按钮,灰色的Parameter(s)首尾会出现两个绿点,这是附加了动作的点,红色和白色点是插入的未选择状态参数。参数点添加如图4-11所示。

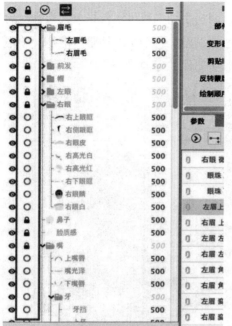

图 4-10 锁定部件

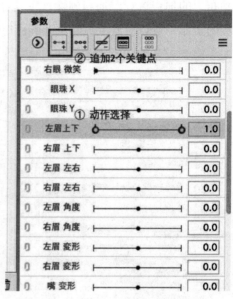

图 4-11 Parameter(s)参数点添加

Live2D定义的部件的标准参数共有24个，如表4-1所示。通过对标准参数的处理能够创建一个标准的Live2D模型。

表 4-1 标准参数列表

名字	ID	最小值	默认值	最大值	说明
角度 X	ParamAngleX	–30	0	30	+转到屏幕右侧
角度 Y	ParamAngleY	–30	0	30	+转到屏幕顶部
角度 Z	ParamAngleZ	–30	0	30	+转到屏幕右侧
左眼开合	ParamEyeLOpen	0	1	1	+张开眼睛
左眼微笑	ParamEyeLSmile	0	0	1	+微笑眼
右眼开合	ParamEyeROpen	0	1	1	+张开眼睛
右眼微笑	ParamEyeRSmile	0	0	1	+微笑眼
眼球 X	ParamEyeBallX	–1	0	1	+看右边
眼球 Y	ParamEyeBallY	–1	0	1	+看右边
左眉上下	ParamBrowLY	–1	0	1	+抬起眉毛
右眉上下	ParamBrowRY	–1	0	1	+抬起眉毛
左眉左右	ParamBrowLX	–1	0	1	–将眉毛靠近

（续表）

名字	ID	最小值	默认值	最大值	说明
右眉左右	ParamBrowRX	−1	0	1	−将眉毛靠近
左眉角	ParamBrowLAngle	−1	0	1	−将眉毛转成愤怒
右眉角	ParamBrowRAngle	−1	0	1	−将眉毛转成愤怒
左眉变形	ParamBrowLForm	−1	0	1	−将眉毛转成愤怒
右眉变形	ParamBrowRForm	−1	0	1	−将眉毛转成愤怒
嘴变形	ParamMouthForm	−1	0	1	+嘴转笑 −嘴转哀
嘴开/关	ParamMouthOpenY	0	0	1	+张开嘴
害羞	ParamCheek	0	酌情	1	+脸颊染色
身体旋转 X	ParamBodyAngleX	−10	0	10	+转到屏幕右侧
身体旋转 Y	ParamBodyAngleY	−10	0	10	+移动至屏幕上
身体旋转 Z	ParamBodyAngleZ	−10	0	10	+向屏幕右侧倾斜
呼吸	ParamBreath	0	0	1	+吸气

Parameter(s)参数值设置了眉毛上下移动的范围，0的状态是眉毛的默认位置，左侧和右侧分别是眉毛上下的最大位置。如图4-12所示是对眉毛位置进行变动处理。在对网孔进行操作的时候，很难一个一个地移动顶点，通过"变形路径工具"会绘制出可变性路径，单击命中绿点后移动此点，附近的点也会随之变形。

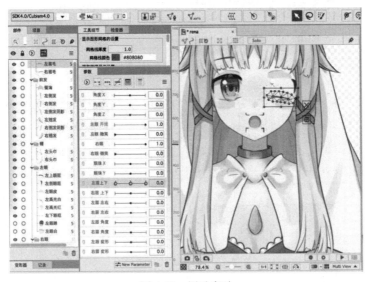

图 4-12　眉毛变动

（3）身体动作制作

身体的动作包括倾斜运动、头发摇摆、手臂运动及身体倾斜和垂直运动等。变形器是指可以变换和移动顶点的网格容器。变形器分为翘曲变形器和选择变形器：

- 翘曲变形器可以通过里面的网格来改变。
- 旋转变形器专门做旋转运动，可以通过指定数值来进行旋转，主要用于颈部、手臂、腿部等进行倾斜运动。

创建面部倾斜运动时，Parameter(s)是用"Angle Z"来进行操作的。首先锁定除头部外的其他部件，选中头部的网格，在选定状态下，创建旋转变形器，如图4-13所示。设置部分插入位置和插入名称，因为是进行面部旋转，所以追加到"手动设定父物体"，确认各种设置后，创建旋转变形器。旋转时所选面部会跟随旋转，如果缺少不见，可以检查后选择网格插入到变形器中，可以通过Ctrl键来移动调整位置。

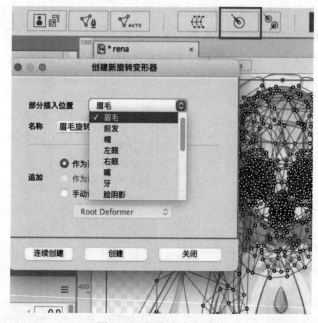

图4-13　创建旋转变形器

当旋转变形器可以调整时,添加Parameter(s)的Angle Z参数点,向其中添加三个点在左右分别增加10度的旋转偏移,效果如图4-14所示。变形器如果使用得当,可以添加各种动作。

图4-14　面部旋转器

(4)面部方向运动

面部方向运动主要是"角度X""角度Y"的运动,可以使面部朝上和左右。眉毛向X、Y方向运动时,角度X的形状为(0,−10,10),眉毛的形状为(−1,0,1),需要制作多个形状(3×3=9),这对于变形的制作和管理是比较困难的。使用变形器能够跟随Parameter(s)的参数进行变动,可以对多个部件进行集体变形,也可以在变形器上附加X、Y的变形。

创建变形器时需选中包含的网格。对于X、Y方向的处理,需要使用弯曲变形器,设置贝塞尔分区数为2×2,如图4-15所示。

选择一只眼睛添加变形器,创建时先锁定其他部件,为调整眼睛的X、Y方向变形,创建贝塞尔分割数为3×3的弯曲变形器,如图4-16所示。按照此步骤对脸部其他部件添加变形器。

图 4-15　弯曲变形器的创建

图 4-16　右眼弯曲变形器创建

在创建X方向运动时选择"角度X"Parameter(s)添加三个键，头部元素较多，隐藏其他部件仅显示轮廓，创建变形器。选择变形器，向侧面移动后制作形状。变形器会自动改变形状创建适应的形状，然后可以根据选择的形状进行微调。"角度X"向右调整如图4-17所示。

Y方向的运动与X方向进行同样的操作，"角度X""角度Y"都添加了变形器，但是处于对角线方向上没有添加变形，因此需要在斜方向上添加一个形状，可以通过选择Parameter(s)然后自动生成四角形状。

第 4 章　虚拟偶像模型创建工具 | 83

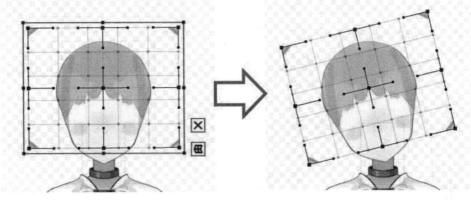

图 4-17　"角度 X"右侧

对插图添加这些操作后，模型基本创建完成，然后可以进行动画的制作。

3. 动画制作

模型创建完成后，切换到动画模式，添加动画到模型中。切换到动画模式后，加载想要移动的模型文件，把模型数据拖放到屏幕底部的时间线调色板中，如图 4-18 所示。

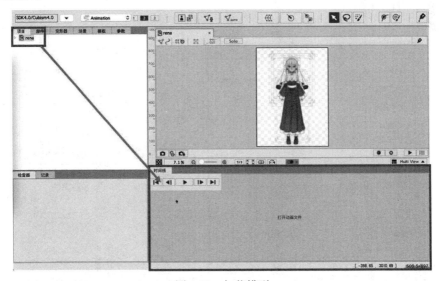

图 4-18　加载模型

模型加载后，将添加一个新场景，并在画布上显示模型。如果要调整模型可以在时间轴上打开"配置&不透明度"选项卡，然后从放大率上调整模型大小，或者直接从画布上更改。模型大小调整如图4-19所示。

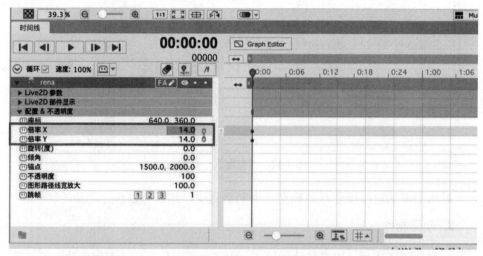

图 4-19　调整模型大小

新创建的场景的画布大小为1280×720，调整画布大小可以从场景的检查器中调整，如图4-20所示。

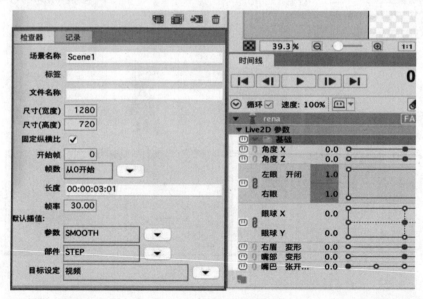

图 4-20　场景检查器

第 4 章 虚拟偶像模型创建工具 | 85

设置完模型和画布信息后,打开时间线上的"Live2D参数"标签。向时间轴上添加关键帧,关键帧是时间轴上的点,附加了Parameter(s)的显示。通过添加多个关键帧,在时间轴上实现了Parameter(s)的运动动画。关键帧的添加如图4-21所示。

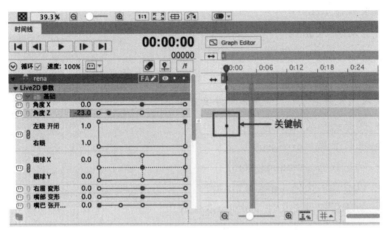

图 4-21　添加关键帧

时间轴上的橙色条显示了场景的长度,可以在场景检查器或拖曳"Duration"来改变。时间轴上紫色条是轨道,表示模型的显示范围。如果整个场景显示相同的模型,使轨道时间与场景时间一致。轨道信息如图4-22所示。

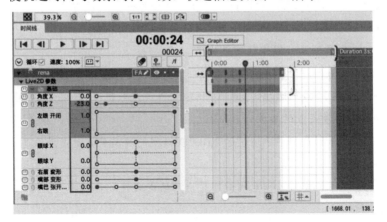

图 4-22　轨道信息

可以在场景中添加多个模型,对轨道设置不同显示区域,通过设置关键帧来实现模型动画。

4. 导出模型

创建完模型和动画后导出相关文件。一个Live2D完整的文档包含以下文件：

- 模型数据（cmo3）
- 声音动态（can3）
- 表情（can3）
- 背景图像（png）
- 嵌入用文件一套（runtime 文件夹）
  - 模型数据（moc3）
  - 表情数据（exp3.json）
  - 动态数据（motion3.json）
  - 模型设定文件（model3.json）
  - 物理模拟设定文件（physics3.json）
  - 姿势设定文件（pose3.json）
  - 显示辅助文件（cdi3.json）

导出文件是由Live2D模型决定的，模型的相关设置越精细可做的控制越多。导出文件包含的内容如下：

- cmo3 文件是 Live2D 软件模型工作区处理的模型数据。
- can3 文件是 Live2D 模型创建动画的编辑器项目文件。
- png 文件是输出的图像纹理数据集。
- model3.json 是编写模型配置的文件，包含了在程序中使用的 Live2D 模型数据（moc3）、纹理数据（.png）、物理操作设定数据（.physics3.json）及为闪烁和唇形同步设置的参数列表。
- motion3.json 是程序中使用的 Live2D 模型的运动数据，是动画工作区的最终导出文件。
- moc3 文件是模型工作空间最终导出的格式文件，是程序中使用的 Live2D 模型数据。
- exp3.json 文件是从 motion3.json 文件转换为在动画工作区中创建的面部表达式的数据。

- pose3.json 文件是反应模型和运动产生的手臂切换机制的数据文件。
- physics3.json 文件是导出的一组物理计算数值，在程序中使用。

4.1.3 使用模板功能

已完成的Live2D模型的结构和运动是一种模型被创建的函数映射。Live2D提供了模板功能，通过对从相同模板数据绘制的插图应用模板功能来轻松创建模型。

Live2D提供了SD角色的模板数据，创建SD角色时选择需要绘制的角色性别，然后根据每个零件分别绘制插图，得到所创建模型的插图。Live2D提供的SD角色模板如图4-23所示。

图4-23　SD模板数据

在Live2D编辑器中加载插图的PSD文件，单击"文件→应用模板"，会弹出一个模板列表的对话框，如图4-24所示。模板列表中有不同类型的素材，根据创建模型的类型选择相似的模板素材。如果使用自己的模型数据作为模板素材，可以从"从文件中选择"指定文件并加载。若使用SD模板制作的插图，在选择模板时选择底部有SD字样的，因此女孩请选择Koharu，男孩请选择Haruto。

使用插图后选择女性Epsilon模型，加载模板模型后打开一个新窗口，模板上的模型和画布上的模型将重合显示。素材绘制时有差别可以调整模板模型的参数，通过移动"@脸的尺寸调整"等参数调整脸部、眼睛、口、鼻等位置，如图4-25所示。

88 | 虚拟偶像 AI 实现

图 4-24　模板列表

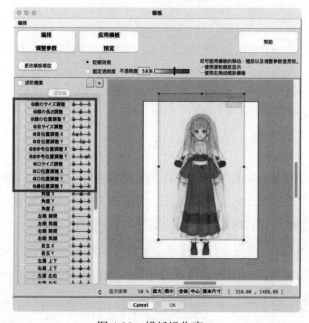

图 4-25　模板操作窗口

完成位置调整后,单击"应用模板"会显示模板预览窗口。原始模板显示在左侧,已加载插图的模板显示在右侧。一个部件选中时会显示对应的部件,如图

4-26所示，选中右边的头发部件时，会显示模型上对应的部件。模板函数进行映射时部件是自动分配的，因此部件的对应关系并不是完全对应，这个时候可以通过部件的重新关联来解决。

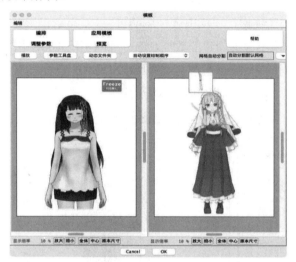

图 4-26　选中部件

部件匹配确认无误后，单击"模板"对话框底部的"确定"按钮就完成了通过模型创建，如图4-27所示。可以通过更改Parameter(s)的值来移动模型，也可以使用右下角的播放按钮来让模型随机运动起来。

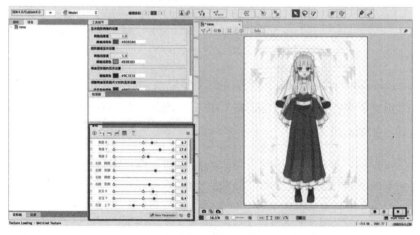

图 4-27　模型显示

4.1.4　Live2D Cubism Viewer 简介

　　Cubism提供了一个适合使用环境的嵌入式模型数据查看器，通过对环境进行模拟，可以在解决实际操作环境中进行运动再现。Cubism Viewer提供了两种环境的软件：OW版本用于验证创建的数据，Unity版本用于Unity中的观察。可以根据实现环境选择不同的Viewer。本节主要介绍OW版本的查看器，仅用于验证Cubism创建的模型数据，其画面显示如图4-28所示。

图 4-28　Cubism Viewer(OW)界面

　　Cubism Viewer读取建模导出的模型文件以及动画导出的运动文件后，对姿势、面部表情等进行设置。在Cubism Viewer启动时，拖动moc3或model3.json文件加载模型，如图4-29所示。

　　加载模型后，使用鼠标拖动模型时，面部和身体也将跟随光标运动。还可以通过拖动来加载导出的动作文件，如图4-30所示。

第 4 章　虚拟偶像模型创建工具 | 91

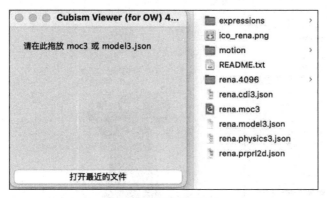

图 4-29　载入模型

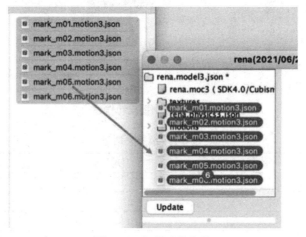

图 4-30　加载动作文件

加载动作后，选中动作文件，双击后可以播放此动作。在加载的动作中选择制作Idle动作，制作完成后会自动播放Idle的动作，如图4-31所示。动作加载后，动作播放相关的信息可以在Cubism Viewer中设置，如淡入/淡出时间、声音、组名等。

Cubism View支持添加姿势和表情，姿势用以反应模型与运动的切换机制，表情用以面部表情值的变动。表情的motion3.json文件描述了默认值与面部表情值两个值，这两个参数值的差异会影响模型的面部表情，以"愤怒"表情为例，默认的是默认表情值，"愤怒"的是面部表情值，区别如表4-2所示。

图 4-31　播放动作

表 4-2　愤怒表情值

	默认	愤怒	区别
左眼开合	1	0.8	−0.2
左眼微笑	0	0	0
右眼开合	1	0.8	−0.2
右眼微笑	0	0	0
眼球 X	0	0	0
眼球 Y	0	0	0
左眉上下	0	−0.4	−0.4
右眉上下	0	−1	−1
左眉左右	0	0	0
右眉左右	0	0	0
左眉角	0	−1	−1
右眉角	0	−1	−1
左眉变形	0	−1	−1
右眉变形	0	−1	−1
嘴变形	1	−2	−3
嘴开/关	0	0	0

该差异值被添加到单独创建的运动的参数值中，默认值与面部表情之间差异为0，则没有变化。在选择表情后可以切换表情的淡入/淡出值以及表情motion.json文件中的参数值，可以在此对值进行更新，如图4-32所示。

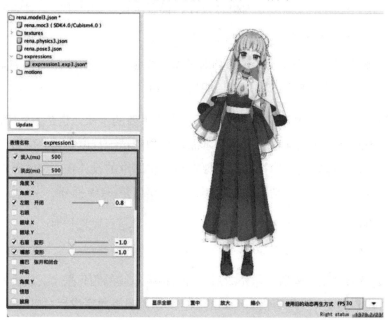

图 4-32　设置表情

Cubism Viewer除验证模型显示外，还可以对模型追加姿势和表情，当追加完模型的相关设定后，导出模型配置文件，会替换Cubism Editor导出的模型配置文件。

4.2　三维建模

三维模型是物体的多边形表示。通过三维制作软件在虚拟三维空间构建出三维对象的数学表达形式的过程称为三维建模。

4.2.1 三维模型制作流程

三维模型的制作过程可分为概念设计、模型制作、贴纸绘制、骨骼蒙皮、动画制作和渲染6个步骤。

（1）概念设计：概念设计是画师对模型的视觉化表现，根据提供的策划文件及需求设计出模型的美术方案，为后期的美术制作提供标准和依据。

（2）模型制作：模型制作是整个环境中最重要的步骤，也是最耗时的工作。在计算机中三点组成的面称为一个基本面，模型的精细程度是按照面数进行计算的，面越少模型越粗糙。模型师根据原画设定将二维的设计在三维软件中制作出来，制作流程一般是低模制作→高模制作→高模拓扑→UV拆分。

（3）贴纸绘制：模型制作完成后，需要对模型进行贴图绘制。贴图相当于根据原画设定给模型添加外观显示。

（4）骨骼蒙皮：模型制作完成后，需要根据原画的角色关节、肌肉等信息进行骨骼搭建和绑定，以便于模型动画的制作。在骨骼搭建完成后对模型进行蒙皮。蒙皮是将创建好的骨骼和模型绑定起来，保证模型能够顺利且正确地活动。蒙皮后模型的每个顶点都会保存在绑定姿势下相对于部分骨骼的相对位置。

（5）动画制作：在蒙皮完成后，根据需求进行动画制作，比如眨眼、说话等，以便于达到真实的效果。在此过程中会根据动画效果对骨骼和皮肤进行反复修改。

（6）渲染：三维模型的最终阶段称为渲染，是将创建的三维场景和角色根据材质、光照、烟雾等效果转化为二维图像的过程。

4.2.2 三维制作软件

三维建模软件种类丰富，目前常见的三维动画制作软件有Blender、Maya、3D Max等。

- Blender：Blender是一款免费开源的多平台轻量级三维图形图像软件，提供了从建模、材质、粒子、动画、渲染及音频处理、视频剪辑、后期合成等一系列动画短片制作解决方案。

- Maya：Maya是美国Autodesk公司旗下出品的顶级三维建模和动画软件，提供了一个功能强大的集成工具集，广泛应用于影视、游戏等领域。Maya不仅包括一般三维视觉效果制作的功能，还集成了最先进的建模、数字化布料模拟、毛发渲染、运动匹配等技术，是目前市场上进行数字和三维制作的首选解决方案。

- 3D Max：3D Studio Max简称为3D Max或3D Studio Max，是Discreet公司开发的基于PC系统的三维动画渲染和制作软件，其前身是基于DOS操作系统的3D Studio系列软件。3D Max提供了建模、骨骼肌肉、材质、毛发、贴图、动画制作、渲染等功能，广泛应用于广告、影视、工业设计、三维动画、游戏以及工程可视化等领域。

3D Max和Maya功能强大、应用广泛，是主流的三维建模软件。其中，3D Max易学易用，是中端普及型三维软件，Maya倾向于中高模型制作。3D Max和Maya价格昂贵，而Blender免费提供了三维图形的制作功能，因此本文3D模型制作以Blender为例。

4.2.3 Blender角色建模流程

Blender作为一款提供了一系列动画短片制作解决方案的软件，拥有在不同工作模式下方便操作的用户界面。在Blender中，一个基本操作单位称为一个对象（Object），每一个对象都有一个圆心（Origin），用于标识物体本地坐标系的远点和控制杆的默认位置。当打开Blender时，系统默认的界面布局是适用于建模的，如图4-33所示。Blender提供了灵活的界面布局方式，可以根据用户习惯灵活地配置界面布局以及属性设置。

本节以Blender官方模型Vincent为例介绍在Blender中如何创建一个模型（见图4-34），以此作为概念构思来实现一个角色模型。

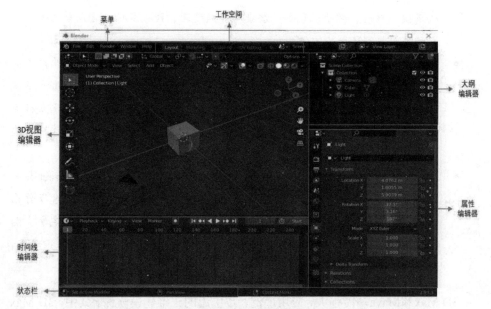

图 4-33　Blender 基本操作界面

图 4-34　Vincent 原图

（1）添加参考图：在模型创建时经常需要参考原图建模，因此Blender提供了添加前视图作为参考图的功能。在添加参考图时可以使用Shift+A快捷键或添加按钮来选择添加参考图（菜单见图4-35），然后选择相关文件夹中的图片，这样参考图片就加载进来了。添加一个对象时默认在坐标原点的位置，如果需要移动视图到合适的位置,就可以使用Shift+Y快捷键来操作。

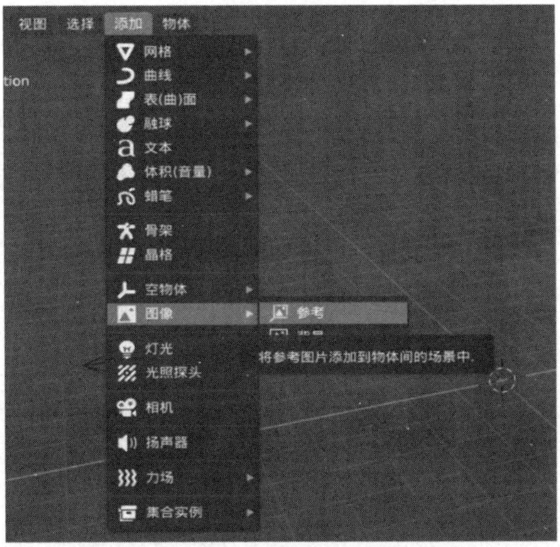

图 4-35　参考图添加菜单

添加参考图后可以对它的属性进行设置,如图4-36所示。其中深度、边、不透明度等是设置是针对模型显示的相关设置。

图 4-36　参考图属性设置

（2）模型制作：模型制作是一个复杂的过程,通过Blender提供的边面工具（如挤出、内插、倒角、切割等）进行制作。3D模型的建立过程比较复杂,首先通过建立低模将设计的角色体型和轮廓描述出来,然后在此基础上细化模型建立高模。Vincent的低模如图4-37所示。3D低模主要以贴图来提高模型的细腻程度，贴图画得越精致效果越佳。贴图的制作在拆开模型后在展开UV顶点的基础上进行对位，会出现少量的拉伸变形，具有较强的专业性。

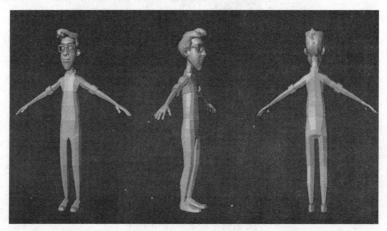

图 4-37　Vincent 低模

当需要形象逼真、细节丰富的3D模型时，需要对低模进行细化，建立高模。高模的细节及精度视情况而定，模型的面数越多所展示的细节特征越多。对Vincent进行细化后的高模如图4-38所示。

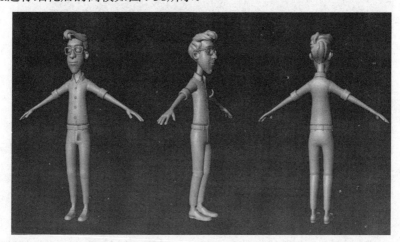

图 4-38　Vincent 高模

（3）添加材质：在模型轮廓及细节创建完成后，可以使用材质编辑器设计材质,并赋予场景中的模型,使之具有真实的质感。对Vincent的低模和高模添加材质后的效果如图4-39和图4-40所示,从效果上可以看到人物呈现出比较逼真的效果。模型创建完成后,即可使用材质编辑器设计材质,并将设计好的材质赋予场景中的模型,使创建好的模型具有真实的质感。

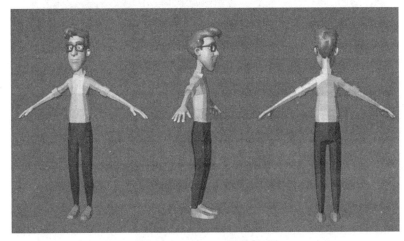

图 4-39　Vincent 低模材质

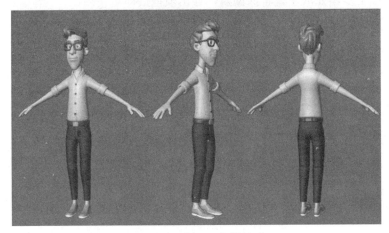

图 4-40　Vincent 高模材质

(4)UV展开:在模型制作完成后,需要将3D模型展开到2D平面上进行贴图,这个过程叫作UV映射与展开。UV展开是为了更好地将贴图贴合到3D模型中,在贴图内容位置与模型位置准确对应时,需要以2D平面为参考,所以将3D模型的

UV拆分为平面的，方便绘制贴图。对于UV展开，可以使用Blender等一些通用软件，也可以使用一些专门的软件。对Vincent的UV展开如图4-41所示。

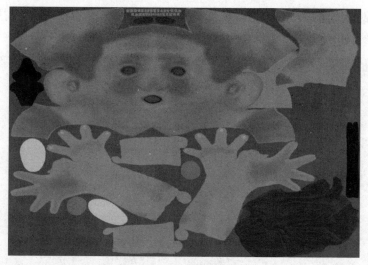

图4-41　Vincent UV 展开

通过如上步骤完成了模型的创建，导出模型后即可使用。

4.3　小　　结

本章对2D模型及3D模型的软件及创建方式进行了介绍。模型创建是虚拟偶像的基础，可以根据实际情况选择相应的方式。

第5章

如何创造虚拟偶像

前几章我们介绍了业界常用的虚拟偶像实现方式和主流的机器学习框架TensorFlow、PyTorch等，从本章起我们将介绍如何使用建模工具和AI技术让虚拟偶像动起来。

5.1 虚拟偶像运动和交互的实现方式

虚拟偶像的运动和交互是区别其他平面艺术呈现效果的关键，目前业界的实现方式大体上分为三大类：基于光学的动作捕捉设备，价格较为昂贵，也较为精准，广泛使用于影视行业内，比如"指环王"和"阿凡达"等；基于惯性的动作捕捉设备，成本较光学动作捕捉低，但在多个移动目标和磁场影响较大，独立工作室可以考虑采用；基于人工智能的动作捕捉技术框架，比较流行的方式是基于人工智能视觉算法的驱动人物动作和面部表情。

5.2 基于付费的商业化解决方案

Miko是近年来在虚拟流媒体平台上热门的直播虚拟偶像。直播者通过Unreal引擎和Xsense动作捕捉套件实现了真人动作和面部表情的实时迁移，通过真人在直播间的操作实现和直播间观众的互动体验。一般而言，如果进行直播偶像的创建，就需要一套动作捕捉硬件。目前行业内用得比较多的有基于光学的方案，比如OptiTrack、Vicon等，基于惯性动捕的方案，比如Xsense、诺亦腾等，一般需要配合动捕手套（比如Manus等公司的产品）进行手部动作的精确捕捉。在面部表情捕捉方面，通常会引入带深度相机的iPhone X以及相对应的手机App端软件（比如Arkit或Live Link Face等）进行获取，捕捉到的面部动画数据会同步到动画引擎中驱动相关模型运动。通常为了方便，推荐使用头戴式装备，方便和身体动作捕捉设备进行同步和自然调整。

除此之外，动画引擎是必不可少的，常见的有Unreal Engine或Unity 3D等（见图5-1），通过live stream的方式将面部和身体的移动动作传递给引擎，通过骨骼绑定和模型动画定向的方式驱动人物模型做出对应的动作和表情。

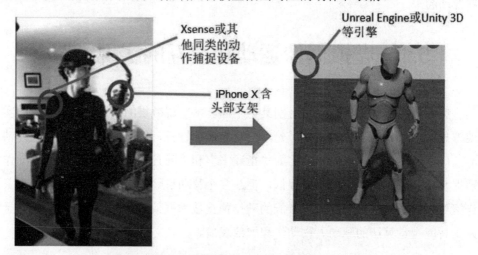

图5-1　基于动作捕捉设备的虚拟人物驱动示意图

5.2.1 建立人物 3D 模型

目前市面上3D建模的工具很多,比如Maya、Zbrush、Blender等,使用门槛难易程度不一,读者可以选择自己熟悉喜欢的工具进行人物建模。考虑到不是每个人都熟悉从零开始的人物建模操作,所以这里引入Daz Studio创建一个人物模型。Daz Studio是Daz公司提供的一个3D建模软件,通过Daz Shop里丰富的人物和物料资源可以快速创建人物,并且可以针对身体各部件进行属性编辑,自由组合服饰,形成人体动作动画。

目前Daz3D支持注册后免费下载,如果使用付费版本,那么商业软件可以使用群组共享功能,以及使用Daz3D代币购买社区市场内的模型资产。

Daz Studio可以导出fbx等3D文件格式,以便后续导入到Blender、Unity或Unreal引擎里进行二次编辑渲染等操作。这里我们简单介绍一下Daz3D的操作界面,如图5-2所示。最顶端是菜单栏和快捷工具栏;中间是模型的预览和操作窗口,包含常见的平移、旋转、缩放等操作,以及可以调整的渲染方式(比如Iray渲染);屏幕左侧主要包含内容库以及内容管理,通过安装经理安装的素材(包括人物模型、服饰、各种道具)都可以在这里寻找并添加到主场景中;右侧的窗口分为两部分,上半部分是可以显示已经添加的模型列表,并且可以选择显示或隐藏特定模型,下半部分是人物的微调窗口,面部和身体的属性操作都在这部分进行;最后是屏幕的最下方,这里是一个常见的动画设计界面,通过预制的姿态和对时间轴的操作拼接成完整的人物动画。

在Daz3D里选择一个人物模型(见图5-3),对脸型、发型、身体以及服饰进行选择,并在导入Unity或其他3D动画工具之前保持T型姿势或绑定姿势。另外,Character Creator等工具也可以使用,实现类似捏脸的效果(在第6章进行详细介绍)。

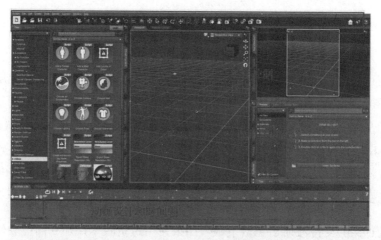

图 5-2　Daz3D 窗口菜单简介

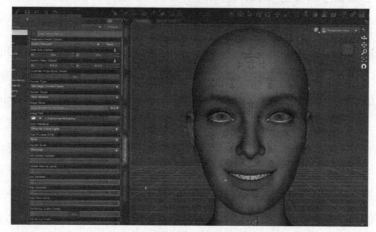

图 5-3　Daz3D 创建模型示例

5.2.2　选择 3D 动画工具

常见的动作捕捉套件（比如Xsense）自带了和主流3D动画工具的集成，可以实现动捕数据实时传输到3D动画工具，从而驱动3D人物做出对应的动作。目前，Xsense可以通过MVN接口软件支持大部分主流的3D动画工具，比如Cinema 4D、Houdini、Blender等，部分工具（比如Unreal Engine、Maya和Unity等）支持实时接入，可以满足直播间实时交互的需求。

5.2.3 全身动作捕捉系统（硬件）

动作捕捉（motion capture）也称动捕（mo-cap）或表演捕捉（performance capture），是一种通过硬件或软件手段获取动作的轨迹并迁移到虚拟角色上的技术。目前广泛应用于运动科学、影视动画、虚拟现实等领域中。这里介绍目前行业主流的动捕设备，以供参考。

（1）惯性动作捕捉套件：一般采用IMU（惯性测量模块）和惯性导航传感器等测量真人演员的运动角度、方向和加速度等信息，具有便于便携等特性。Xsense动作捕捉套件目前包含MVN链接套装和MVN Awinda，用于满足不同场景下的使用需求。手指的运动可以选择手套传感器套件，是目前惯性动作捕捉硬件的代表。类似的国内厂商诺亦腾Perception Neuron动作捕捉套件也提供实时动作捕捉、面部捕捉等功能，结合iclone软件实现实时的模型驱动。

（2）光学动作捕捉套件（见图5-4）：一般采用红外摄像机可以针对不同要求的分辨率进行动作捕捉，在高精度和高采样频率中低延迟、多目标捕捉，而且可以支持长时间数据采集和镜头扩展等功能。这里光学动作捕捉的代表有Optitrack全身动作捕捉系统，使用6~10个光学相机环绕场地排列，通过高精度的人体关键点运动轨迹捕获，实时模拟并赋予虚拟人物动作。一般而言，若干个光学镜头通过POE网络进行连接，并且和动作捕捉软件处于同一网络环境内。通过多个相机获取2D定位图形，在配套的动作捕捉软件中还原成3D信息。另外，通过动作捕捉进行T姿态标定并进行骨骼测量，结合采集到的动作信息实时还原人体姿态。

图 5-4　光学捕捉设备示例

5.2.4　采用 iPhone X 的面部识别方式

（1）Faceit是一个Blender插件，用来针对3D模型创建复杂的面部表情，并且通过半自动的工作流向导生存面部shape key，通过顶点插值位移实现模型驱动的动画效果。该插件可以适配3D模型的拓扑和变形结构，而无须复杂的手工建模工作。使用时需要结合iPhone X（或以上）的深度摄像头以及face cap App实现表情动作实时捕捉。Faceit的一个示例如图5-5所示。

图 5-5　Faceit 示例

（2）类似地，如果我们选择Unreal Engine作为动画引擎，就可以选用Live Link Face应用，使用深度相机和Face id来捕获面部动作，通过Unreal Engine里的live link插件记录实时或离线的面部追踪数据。下面我们用一个简单的例子介绍一下Unreal Engine中配置面部模型的实时链接方式：首先将手机App和计算机处于同一个局域网环境内，然后打开face link App软件，单击"配置"按钮，输入需要链接的IP地址（可以在计算机端cmd命令下输入ipconfig获取）。

接下来打开Unreal Engine软件，选择"实时链接"选型卡，选择"Apple AR面部追踪"和我们在face link App中定义的主机名（这里是"iphonex"），如图5-6所示。

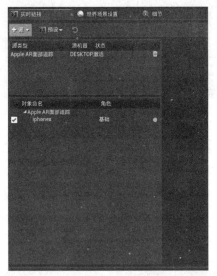

图5-6 Unreal Engine中实时链接配置示例

配置好面部模型数据源后，我们需要选择人物模型蓝图，然后选择"细节"选项卡，如图5-7所示，定义LLink Face Subj数据源，这里选择我们在"源"选项卡里已经定义好的"iphonex"。

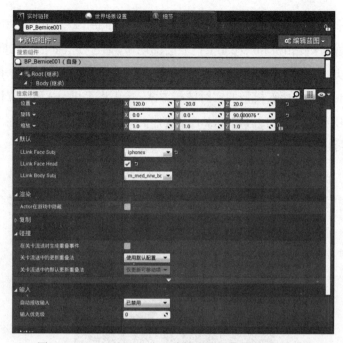

图 5-7　Unreal Engine 中人物模型面部数据源选择配置

当我们设置好后，将焦点回到场景区域。打开iPhone的face link App，让摄像头对准自己的面部，经过简单的校准生成face mesh后会发现面部表情已经迁移到我们在Unreal Engine中预制好的人物模型，并且当我们勾选LLink Face Head时头部的移动也会被记录下来，并最终反映在虚拟人物中。图5-8显示了头部运动迁移的效果。

图 5-8　Unreal Engine 人物面部表情迁移示例

（3）借助Blender和OpenCV实现。该部分代码主要来自于joeVenner关于Blender Python控制人物Rig的开源实现。

打开Blender（见图5-9）后使用Shift+F4快捷键打开Blender内置的Python Console（区别于本机安装的Python环境，是Blender软件自带的Python运行环境）。

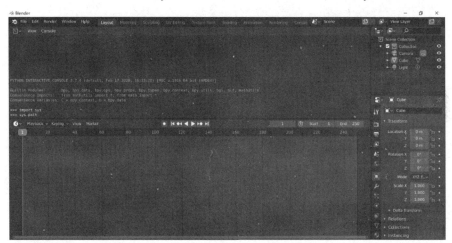

图 5-9　Blender 窗口示例

接下来我们转到Python运行环境目录，打开文本编辑器（Scripting）窗口，执行下列代码。

代码清单5-1　Blender 内置 Python 引擎安装 OpenCV 相关 package

```
import subprocess
import sys
import os

python_main = os.path.join(sys.prefix,'bin', 'python.exe')
subprocess.call([python_main, "-m", "ensurepip"])
subprocess.call([python_main, "-m", "pip", "install", "--upgrade", "pip"])
subprocess.call([python_main, "-m", "pip", "install", "opencv-python opencv-contrib-python imutils numpy dlib"])
```

上述命令执行完毕后，选择自己创建的头像模型，并下载人脸识别68个特征点检测数据库shape_predictor_68_face_landmarks.dat。

代码清单 5-2　Blender 驱动模型运动的核心代码

```
import bpy
from imutils import face_utils
import dlib
import cv2
from bpy.props import FloatProperty

class MyAnimOperator(bpy.types.Operator):
    bl_idname = "wm.opencv_operator"
    bl_label = "Animation Operator"

    #引入预先训练好的模型
    p = "/home/project_folder/shape_predictor_68_face_landmarks.dat"
    detector = dlib.get_frontal_face_detector()
    predictor = dlib.shape_predictor(p)

    _timer = None
    _cap = None

    width = 800
    height = 600

    stop :bpy.props.BoolProperty()

    #3D模型点
    model_points = numpy.array([
    (0.0, 0.0, 0.0),            # 鼻尖点
    (0.0, -330.0, -65.0),       # 下巴
    (-225.0, 170.0, -135.0),    # 左眼最左端
    (225.0, 170.0, -135.0),     # 右眼最右端
    (-150.0, -150.0, -125.0),   # 嘴巴最左端
    (150.0, -150.0, -125.0)     # 嘴巴最右端
    ], dtype = numpy.float32)
    # 相机矩阵
    cam_matrix = numpy.array(
```

第 5 章 如何创造虚拟偶像 | 111

```python
                        [[height, 0.0, width/2],
                        [0.0, height, height/2],
                        [0.0, 0.0, 1.0]], dtype = numpy.float32
                        )

    def smooth_value(self, name, length, value):
        if not hasattr(self, 'smooth'):
            self.smooth = {}
        if not name in self.smooth:
            self.smooth[name] = numpy.array([value])
        else:
            self.smooth[name] = 
numpy.insert(arr=self.smooth[name], obj=0, values=value)
            if self.smooth[name].size > length:
                self.smooth[name] = numpy.delete(self.smooth[name], 
self.smooth[name].size-1, 0)
        sum = 0
        for val in self.smooth[name]:
            sum += val
        return sum / self.smooth[name].size


    def get_range(self, name, value):
        if not hasattr(self, 'range'):
            self.range = {}
        if not name in self.range:
            self.range[name] = numpy.array([value, value])
        else:
            self.range[name] = numpy.array([min(value, 
self.range[name][0]), max(value, self.range[name][1])] )
        val_range = self.range[name][1] - self.range[name][0]
        if val_range != 0:
            return (value - self.range[name][0]) / val_range
        else:
            return 0

    def modal(self, context, event):
```

```python
            if (event.type in {'RIGHTMOUSE', 'ESC'}) or self.stop == True:
                self.cancel(context)
                return {'CANCELLED'}

            if event.type == 'TIMER':
                self.init_camera()
                _, image = self._cap.read()
                gray = cv2.cvtColor(image, cv2.COLOR_BGR2GRAY)
                rects = self.detector(gray, 0)

                #针对找到的面部找到关键点
                for (i, rect) in enumerate(rects):
                    shape = self.predictor(gray, rect)
                    shape = face_utils.shape_to_np(shape)

                    image_points = numpy.array([shape[30],# 鼻尖点 - 31
                                    shape[8],    # 下巴- 9
                                    shape[36],   # 左眼最左端 - 37
                                    shape[45],   # 右眼最右端- 46
                                    shape[48],   # 嘴巴最左端 - 49
                                    shape[54]    # 嘴巴最右端- 55
                                    ], dtype = numpy.float32)

                    dist_coeffs = numpy.zeros((4,1))

                    if hasattr(self, 'rotation_vector'):
                        (success, self.rotation_vector, self.translation_vector) = cv2.solvePnP(self.model_points,
                            image_points, self.camera_matrix, dist_coeffs, flags=cv2.SOLVEPNP_ITERATIVE,
                            rvec=self.rotation_vector,
                            tvec=self.translation_vector,
                            useExtrinsicGuess=True)
                    else:
                        (success, self.rotation_vector, self.translation_vector) = cv2.solvePnP(self.model_points,
                            image_points, self.camera_matrix,
```

```
dist_coeffs, flags=cv2.SOLVEPNP_ITERATIVE,
                    useExtrinsicGuess=False)

            if not hasattr(self, 'first_angle'):
                self.first_angle =
numpy.copy(self.rotation_vector)

            bones = bpy.data.objects["RIG-Vincent"].pose.bones

            bones["head_fk"].rotation_euler[0] =
self.smooth_value("h_x", 3, (self.rotation_vector[0] -
self.first_angle[0])) / 1    # 上下
            bones["head_fk"].rotation_euler[2] =
self.smooth_value("h_y", 3, -(self.rotation_vector[1] -
self.first_angle[1])) / 1.5   # 旋转
            bones["head_fk"].rotation_euler[1] =
self.smooth_value("h_z", 3, (self.rotation_vector[2] -
self.first_angle[2])) / 1.3   # 左右
            bones["mouth_ctrl"].location[2] =
self.smooth_value("m_h", 2, -self.get_range("mouth_height",
numpy.linalg.norm(shape[62] - shape[66])) * 0.06 )
            bones["mouth_ctrl"].location[0] =
self.smooth_value("m_w", 2, (self.get_range("mouth_width",
numpy.linalg.norm(shape[54] - shape[48])) - 0.5) * -0.04)
            bones["brow_ctrl_L"].location[2] =
self.smooth_value("b_l", 3, (self.get_range("brow_left",
numpy.linalg.norm(shape[19] - shape[27])) -0.5) * 0.04)
            bones["brow_ctrl_R"].location[2] =
self.smooth_value("b_r", 3, (self.get_range("brow_right",
numpy.linalg.norm(shape[24] - shape[27])) -0.5) * 0.04)

            bones["head_fk"].keyframe_insert(data_path=
"rotation_euler", index=-1)
            bones["mouth_ctrl"].keyframe_insert(data_path=
"location", index=-1)
            bones["brow_ctrl_L"].keyframe_insert(data_path=
"location", index=2)
            bones["brow_ctrl_R"].keyframe_insert(data_path=
```

```python
"location", index=2)
            
            for (x, y) in shape:
                cv2.circle(image, (x, y), 2, (0, 255, 255), -1)
        
        cv2.imshow("Output", image)
        cv2.waitKey(1)
        
        return {'PASS_THROUGH'}
    
    def init_camera(self):
        if self._cap == None:
            self._cap = cv2.VideoCapture(0)
            self._cap.set(cv2.CAP_PROP_FRAME_WIDTH, self.width)
            self._cap.set(cv2.CAP_PROP_FRAME_HEIGHT, self.height)
            self._cap.set(cv2.CAP_PROP_BUFFERSIZE, 1)
            time.sleep(0.5)
    
    def stop_playback(self, scene):
        print(format(scene.frame_current) + " / " + format(scene.frame_end))
        if scene.frame_current == scene.frame_end:
            bpy.ops.screen.animation_cancel(restore_frame=False)
    
    def execute(self, context):
        bpy.app.handlers.frame_change_pre.append(self.stop_playback)
        
        wm = context.window_manager
        self._timer = wm.event_timer_add(0.02, window=context.window)
        wm.modal_handler_add(self)
        return {'RUNNING_MODAL'}
    
    def cancel(self, context):
        wm = context.window_manager
        wm.event_timer_remove(self._timer)
        cv2.destroyAllWindows()
```

```
        self._cap.release()
        self._cap = None
```

在本例中，我们使用OpenCV进行人脸关键点检测、人脸检测、眼睛检测等（方法是haar加上cascade）。

（1）加载人脸检测器。

（2）创建Facemark实例。

（3）加载特征点检测器。

（4）从摄像头捕捉画面帧。

（5）针对摄像头的每一帧运行人脸检测器，通过detectMultiScale获取视频帧里的人脸，输出为矩形向量，至于可能出现的多个人脸，这里选取检测到的人脸中的最大人脸作为我们驱动模型的原型。

（6）针对最大的人脸运行人脸特征检测器。

代码清单5-3　运行人脸特征检测器

```
    _, landmarks = self.fm.fit(image, faces=faceBiggest)
```

（7）针对我们在Blender里选取的目标模型获取驱动视频里的面部关键部位点，这里选择鼻尖、下巴、左右眼角和嘴巴的位置作为驱动的标记点，如图5-10所示。

图 5-10　面部关键点示例

（8）判断头部的运动以及眼睛、嘴巴、鼻子等的移动。由于真实的图片坐标系原点和Blender的图像坐标系原点有一定的误差，因此这里引入cv2.solvepnp 进行相机的位置估计。通过相机和图像的投影关系，推导出世界坐标系和图像坐标系的关系。

代码清单5-4　相机位置估计函数

```
cv2.solvePnP( self.model_points,
              image_points,
              self.camera_matrix,
              dist_coeffs,
              flags=cv2.SOLVEPNP_ITERATIVE,
              rvec=self.rotation_vector,
              tvec=self.translation_vector,
              useExtrinsicGuess=True)
```

代码清单5-5　设置相机参数矩阵

```
# 设置相机参数矩阵
        camera_matrix = np.array(
          [[focal_length, 0.0, size[0] / 2],
          [0.0, focal_length, size[1] / 2],
          [0.0, 0.0, 1.0]], dtype=numpy.float32
        )
```

（9）通过useExtrinsicGuess参数来控制是否输出平移向量和旋转向量，这里选择输出旋转矩阵，并且通过旋转矩阵和欧拉坐标转换获取摇头、点头和摆头（YAW、PITCH、ROLL）的偏移量（见图5-11），从而获取在3D模型下的头部姿态运动量，进而通过Blender中对头部物体移动函数的调用bpy.context.object.rotation_euler来实现模拟摄像头中真人头部的移动。

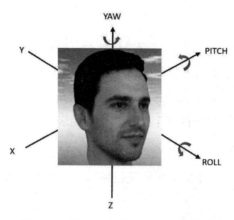

图 5-11　YAW、PITCH、ROLL 示例

这里头部的运动主要包含旋转和位移操作，在 Blender 里主要是使用 bpy.context.object.rotation_euler 和 bpy.context.object.location 函数来实现的。

另外，Blender 中物体的操作会在整个代码执行后显示出来，为了观察头部的运动过程，这里引入插帧的 api——obj.keyframe_insert(data_path="location", index=0)，实现对应帧存储对象的信息。其中，index 为 0 时指的是 Y 轴，表示在 Y 轴上实现的平移操作。可以通过定义整个头部运动的驱动以及嘴巴、眉毛和眼睑运动的驱动来完成整个面部驱动方式的定义。

5.3　免费的人工智能方案

5.3.1　机器学习驱动 3D 模型——人体动作

我们除了给虚拟人物赋予丰富的面部表情外，人体动作也是关键的一环。通过本节的学习读者可以掌握让人物动起来的方法。

1. 创建 3D 人物模型

在引入我们的动作驱动方案之前，需要一个人体模型，这里可以参照 4.2.1 节的步骤创建自己的虚拟偶像 3D 模型；这里介绍另一种基于开源软件 Blender 的建模方式。

一般而言，我们在进行人物模型设计之前，需要对即将创建的虚拟形象进行概念设计，也就是对基本的人物属性进行规划，比如年纪、性别、身份和职业等；在游戏和电影设计中，该步骤非常关键，通过对角色身份的定位，以及对属性和性格的刻画，使得人物角色拥有个性化和生动的表现。

这里我们针对人物形象进行角色设计，并画了2张人物草图，分别为正面图和侧面图，如图5-12所示，在接下来的建模环节中会作为参考图引入。

图5-12　人物草图：正面（左），侧面（右）

接下来的步骤是创建模板template，当该示例工程完成后，后续当我们需要创建其他类似的人物模型时就可以直接更改参考图实现快速进入模型编辑阶段。

（1）首先我们打开Blender软件，打开默认工程，可以看到默认的cube立方体。选择立方体，选择菜单"items→dimensions"，并将X、Y、Z分别调整为2m、2m、1.6m，如图5-13所示。

（2）打开"Viewpoint Display"选项，选择Display as下的Wire选项，如图5-14所示。

第 5 章　如何创造虚拟偶像 | 119

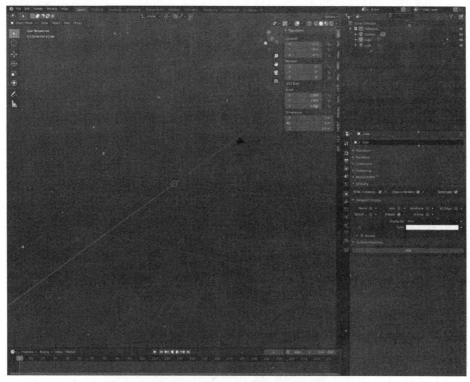

图 5-13　cube 立方体纬度的调整

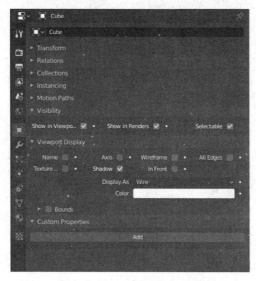

图 5-14　Viewpoint 显示调整

（3）接下来我们需要引入参考图，分别选择front view（快捷键：小键盘1）、right view（快捷键：小键盘3），然后执行"Add→Reference"命令，选择我们已经画好的前视图和侧面图（见图5-15）。建立参考图后的场景如图5-16所示。

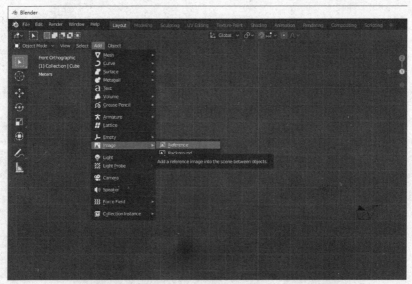

图 5-15　建立参考图

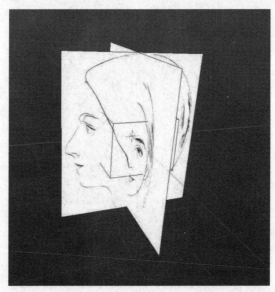

图 5-16　建立好参考图的场景

(4)现在看上去参考图是交叠在一起的,这种位置不适合我们进行参照建模,需要将front和side参考图分别调整在cube立方体的两侧。使用快捷键G+X和G+Y分别沿着X轴、Y轴进行平移,平移后的效果如图5-17所示。

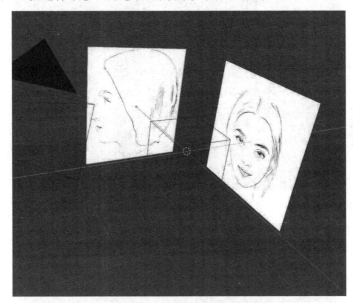

图 5-17　参考图位置调整至 cube 两侧

(5)接下来我们需要移动参考图的位置,在这里先做一个假定,中央立方体cube的高度是最终人体的高度,需要将参考图移动至头部的位置(即面的上半部分)。按住Shift键选中对象区域的empty以及empty.001,切换到前视图front view(快捷键:小键盘1)。通过按S键进行缩放,然后按G键进行位置调整。同理切换到右视图side view(快捷键:小键盘3)进行缩放和调整操作,最终效果如图5-18所示。

(6)为了便于我们针对参考图进行建模,这里对参考图的透明度进行调整,通过选择Object.data.properties对不透明度进行调整,将"Transparancy→Opacity"设置成0.25;同时将Side选择单面"Back",如图5-19所示。

图 5-18　参考图缩放平移后的效果

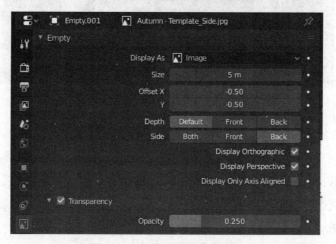

图 5-19　参考图不透明度调整

（7）选择参考图empty和empty.001对象，分别重命名为template.front/side，并且新建一个Collection命名为templates，将之前2个template对象拖进templates集合下使得成为其子集，如图5-20所示。

第 5 章　如何创造虚拟偶像 | 123

图 5-20　templates collection 的创建

（8）参考图模板创建好后，我们可以着手准备建模的操作了。这里引入常见的人物建模插件，比如MESH:F2、MESH:LOOPTOOLS、MESH: EXTRA OBJECTS 等用于建模辅助以降低建模难度，提高建模效率，插件默认处于关闭状态，需要在系统菜单中搜索并启用。

（9）接下来是建模环节的介绍。在用户透视图界面下选中scene collection，使用Shift+A快捷键调出菜单，选择"mesh→round cube"往场景中添加一个球状立方体，如图5-21所示。设置半径为1调整该物体的大小，如图5-22所示。

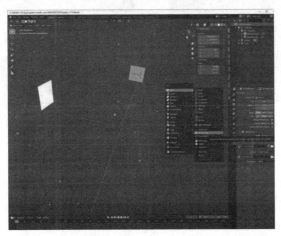

图 5-21　添加球状立方体

图 5-22 设置半径

（10）接下来使用小键盘1切换到front前视图，并且选择编辑模式edit mode。按S键缩放cube，使得cube贴合参考图的大小，并且使用G+Z快捷键平移cube和front参考图同样的位置上，如图5-23所示。

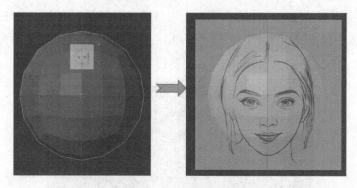

图 5-23 调整 round cube 的位置和大小

（11）切换到edit mode，选择左半部分，按下X键选择faces并进行删除，如图5-24所示。删除后在选中round cube对象的基础上选择"add modifier→mirror"，此时看到镜像被复制了一份，在这里要注意的是，需要确保clipping处于被选中的状态，如图5-25所示。

第 5 章　如何创造虚拟偶像 | 125

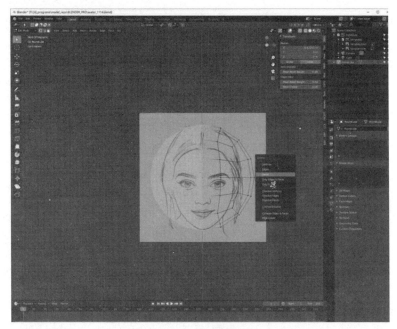

图 5-24　删除半边脸部

图 5-25　修改器–镜像的使用

（12）接下来使用小键盘3回到右视图side view，在OBJECT MODE下选择round cube对象，按住S键进行缩放至头部大小，然后按G+Z快捷键调整至头部位置，最终效果如图5-26所示。

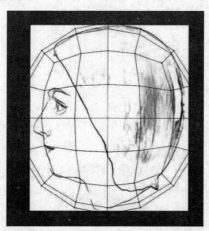

图5-26　右视图下round cube的调整

（13）我们继续切换到front正面视图，选择超出头部边界的顶点，使用O键或者点击上半部的小圆点，选择等比例编辑工具proportional editing，然后使用G键进行移动调整线和面的边界。如果觉得等比例缩放的范围太大，可以通过鼠标滚轮进行调整选中范围的大小。通过反复选择顶点和边，使得线框尽可能地贴近头骨的轮廓，如图5-27和图5-28所示。

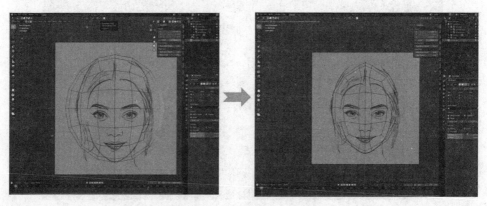

图5-27　等比例编辑工具的使用

第 5 章　如何创造虚拟偶像 | 127

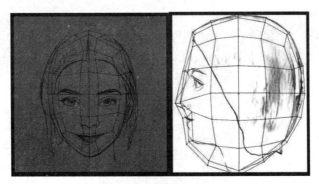

图 5-28　调整后的 front/side view

（14）在透视图视窗中可以看到基本的头部雏形已经生成。接下来切换到 sculpt mode 雕刻模式，选择"smooth"平滑工具，力度调整至0.15，将部分生硬的边和顶点进行平滑处理，如图5-29所示。

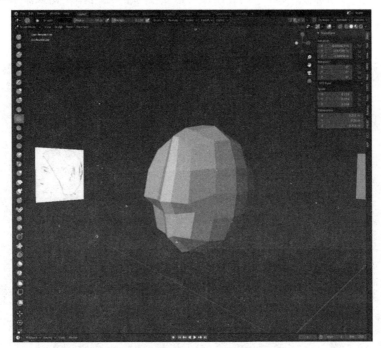

图 5-29　切换至雕刻模式使得线条平滑

（15）在编辑模式edit mode下，点选face select，选择眼睛部分，按I键添加眼睛周围的loop hole，并且按G键调整位置，如图5-30所示。

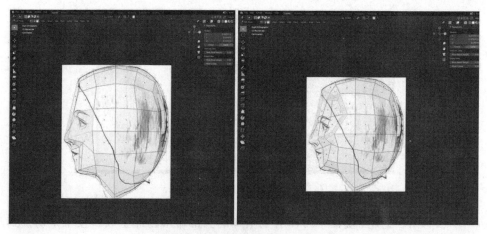

图 5-30　为头部添加眼眶的线条

（16）接下来制作眼睛。我们在图中添加更多的几何体，先来添加眼球，在 object mode 下按 Shift+A 快捷键选择 "UV sphere"，添加一个球体作为眼球，如图 5-31 所示。

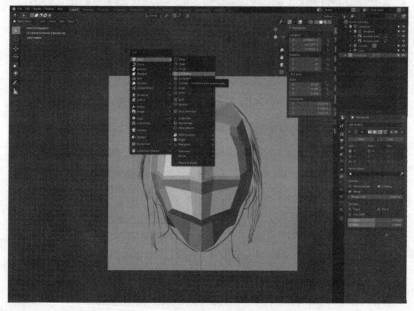

图 5-31　添加 UV sphere 作为眼球

（17）通过调整眼睛的大小和位置，将眼球放到参考图指定的位置（见图

5-32）。调整完毕后使用Shift+D快捷键复制眼睛并进行位置调整（见图5-33）。

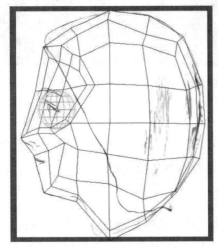
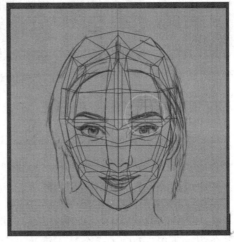

图 5-32　调整眼球位置

（18）接下来我们开始调整眼周的四边形，使其贴合眼眶的形状，如图5-34所示。

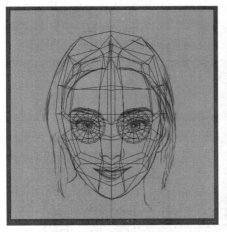
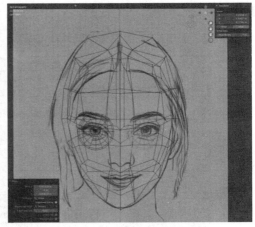

图 5-33　复制眼球并调整位置　　　　图 5-34　调整眼周示意图

（19）通过挤压变形工具给模型添加鼻子和嘴巴（可以引入高精度图片作为参考图），并且对模型进行微调，最后进行UV贴图，整个过程如图5-35所示。

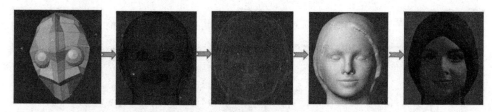

图 5-35　头部建模的第二阶段

2. 通过静态图片生成 3D 模型

在之前的章节中我们介绍了如何通过Daz Studio或Character Creator进行捏脸并导入到Blender或其他3D动画工具进行后续骨骼绑定和动画设定的方法。这里介绍一种通过静态图片生成3D模型的方式。

首先准备一张静态图片，最好是正面照，包含完整的面部和身体（无遮挡）。这里介绍一下PIFuHD（一个基于深度神经网络的将静态图片进行3D姿态估计的实现，对于广大建模爱好者有着较强的吸引力）。目前可以通过https://shunsukesaito.github.io/PIFuHD/尝试将图片转成3D模型的操作。由于技术问题，模型的精度还没有那么高（见图5-36），需要将obj模型文件导入Blender等工具中进行二次创作。

图 5-36　PIFuHD 生成模型示例

PIFuHD的全称是Pixel-Aligned Implicit Function HD，是通过2D图片重建3D人体模型的神经网络架构，是由Facebook AI研究小组开发的，可支持1024×1024的图片作为输入，获取到面部表情、手指等细节。该框架包含了两层PIFu模块。首先，基础层通过下采样的方式获取较低分辨率的训练模型，从而获取更广的空间背景，以及全局的特征；接着引入精细层的模型，通过低分辨率模型的输出作为输入，用于获取局部上下文信息以及给3D模型添加细节信息。PIFuHD算法示意图如图5-37所示。

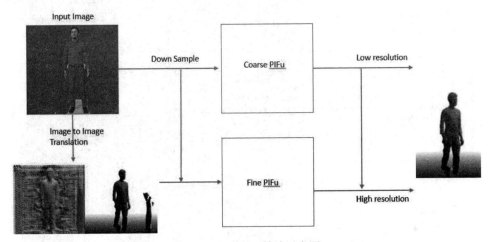

图 5-37　PIFuHD 算法示意图

3. Openpose 获取姿态 3D 关键点

在第3章中我们介绍了Openpose这个基于卷积神经网络和监督学习以及用于人体动作、面部表情等姿态估计的开源实现。这里我们需要在安装Openpose的前提下对视频文件或者输入视频流进行3D关键点提取。

代码清单 5-6　Openpose 提取关键点示例

```
./build/examples/openpose.bin
        --image_dir /path/to/images/
        --num_gpu_start 1
        --display 2
        --fullscreen
        --write_images /path/to/res_images/
        --write_json /path/to/json/
```

4. 绑定骨骼驱动人物动作

BVH格式是目前动作捕捉最常见的格式之一，是Biovision公司最早提出的动作捕捉数据格式，其文件包含两块内容，即头部信息和数据部分。这里我们以一个BVH文件为例进行说明，结构示意图如图5-38所示。

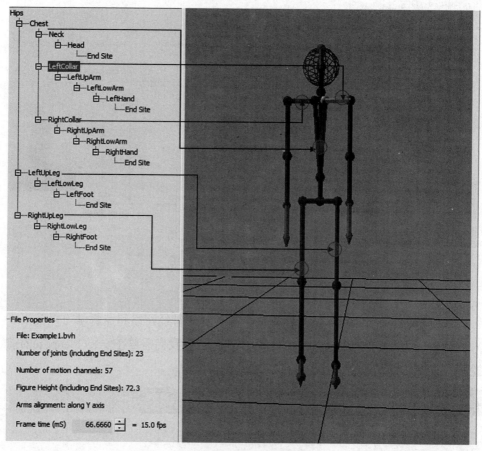

图 5-38　BVH 结构示意图

其中，头部信息定义了骨骼的结构和骨骼初始的姿态，以HIERARCHY关键字开始，并以骶部为根部（ROOT）定义一段骨骼结构。BVH可以支持多个骨骼结构的定义。可以通过OFFSET制定在Z、X、Y轴上相对父层节点的偏移量、绘制父层节点的方向和长度。CHANNELS关键字用来表明channel的类型，为

MOTION数据解析的时候提供规范和依据。通常来说，ROOT有6个channel，其他的节点有3个channel。

代码清单5-7　BVH文件头部定义样例

```
HIERARCHY
ROOT Hips
{
OFFSET  0.00    0.00    0.00
CHANNELS 6 Xposition Yposition Zposition Zrotation Xrotation Yrotation
    JOINT Chest
    {
        OFFSET  0.00    5.21    0.00
        CHANNELS 3 Zrotation Xrotation Yrotation
        JOINT Neck
        {
            OFFSET  0.00    18.65   0.00
            CHANNELS 3 Zrotation Xrotation Yrotation
            JOINT Head
            {
                OFFSET  0.00    5.45    0.00
                CHANNELS 3 Zrotation Xrotation Yrotation
                End Site
                {
                    OFFSET  0.00    3.87    0.00
                }
            }
        }
    JOINT LeftCollar
    {
        OFFSET  1.12    16.23   1.87
        CHANNELS 3 Zrotation Xrotation Yrotation
        JOINT LeftUpArm
        {
            OFFSET  5.54    0.00    0.00
            CHANNELS 3 Zrotation Xrotation Yrotation
            JOINT LeftLowArm
```

```
            {
                OFFSET    0.00    -11.96    0.00
                CHANNELS 3 Zrotation Xrotation Yrotation
                JOINT LeftHand
                {
                    OFFSET    0.00    -9.93    0.00
                    CHANNELS 3 Zrotation Xrotation Yrotation
                    End Site
                    {
                        OFFSET    0.00    -7.00    0.00
                    }
                }
            }
        }
    }
    JOINT RightCollar
    {
        OFFSET -1.12    16.23    1.87
        CHANNELS 3 Zrotation Xrotation Yrotation
        JOINT RightUpArm
        {
            OFFSET -6.07    0.00    0.00
            CHANNELS 3 Zrotation Xrotation Yrotation
            JOINT RightLowArm
            {
                OFFSET    0.00    -11.82    0.00
                CHANNELS 3 Zrotation Xrotation Yrotation
                JOINT RightHand
                {
                    OFFSET    0.00    -10.65    0.00
                    CHANNELS 3 Zrotation Xrotation Yrotation
                    End Site
                    {
                        OFFSET    0.00    -7.00    0.00
                    }
                }
            }
        }
```

```
        }
    }
    JOINT LeftUpLeg
    {
        OFFSET    3.91    0.00    0.00
        CHANNELS 3 Zrotation Xrotation Yrotation
        JOINT LeftLowLeg
        {
            OFFSET    0.00    -18.34    0.00
            CHANNELS 3 Zrotation Xrotation Yrotation
            JOINT LeftFoot
            {
                OFFSET    0.00    -17.37    0.00
                CHANNELS 3 Zrotation Xrotation Yrotation
                End Site
                {
                    OFFSET    0.00    -3.46    0.00
                }
            }
        }
    }
    JOINT RightUpLeg
    {
        OFFSET    -3.91    0.00    0.00
        CHANNELS 3 Zrotation Xrotation Yrotation
        JOINT RightLowLeg
        {
            OFFSET    0.00    -17.63    0.00
            CHANNELS 3 Zrotation Xrotation Yrotation
            JOINT RightFoot
            {
                OFFSET    0.00    -17.14    0.00
                CHANNELS 3 Zrotation Xrotation Yrotation
                End Site
                {
                    OFFSET    0.00    -3.75    0.00
                }
            }
        }
```

```
        }
      }
    }
```

接下来我们看一下运动数据部分,该部分以MOTION关键字开始。Frames表明帧的数量,Frame Time指定采样频率,即每秒帧数(下段代码中帧率为0.033333,即每秒30帧)。接下来的数值序列是按照骨骼结构部分定义的Channel,标定每帧中的位置和旋转信息,每帧连续解析就可以生成连续的动作序列,从而驱动模型运动。在本例中,针对一帧一共有6+17×3 = 57个数值来定义骨骼的位置和转换。

代码清单5-8　BVH文件运动部分定义样例

```
MOTION
Frames:    1
Frame Time: 0.033333
    8.03       35.01      88.36     -3.41      14.78    -164.35   13.09     40.30
  -24.60        7.88      43.80      0.00      -3.61     -41.45    5.82     10.08
0.00         10.21      97.95    -23.53      -2.14    -101.86  -80.77    -98.91    0.69
    0.03        0.00     -14.04      0.00     -10.50     -85.52  -13.72  -102.93
 61.91      -61.18      65.18     -1.57       0.69       0.02   15.00     22.78
   -5.92       14.93     49.99      6.60       0.00      -1.14    0.00    -16.58
  -10.51       -3.11     15.38     52.66     -21.80       0.00  -23.95     0.00
```

绑定骨骼对很多进行动画建模的读者来说是一个很辛苦、需要很细致的工作,这里引入mixamo(一个在线免费角色动画网站)。用户可以自己上传自己的静态人形模型文件,在网站上绑定人形模板动画,并可以下载绑定动画后的模型文件,节省大量绑定动画的时间。

首先登录mixamo网站,找到上传菜单,上传3D模型,接下来到了绑定骨骼向导页面。根据向导提示分别对下巴、手腕、手肘、膝盖和下腹部进行定位,根据模型是否轴对称以及是否包含手指关节进行选择,如图5-39和图5-40所示。

接下来用Blender导入从maximo上处理后的obj模型,继续导入之前通过OpenPose生成的BVH文件。

等待过后即可对绑定骨骼后的模型进行下载,如图5-41所示。

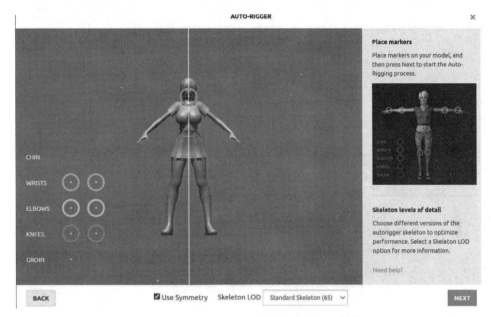

图 5-39　mixamo 上传人物模型骨骼绑定步骤 1

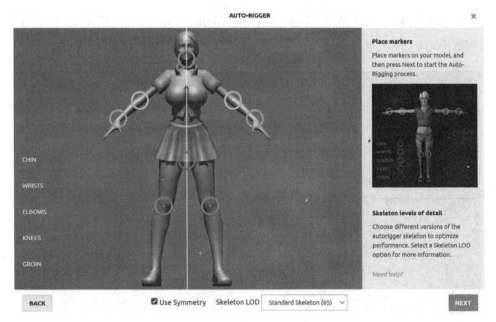

图 5-40　mixamo 上传人物模型骨骼绑定步骤 2

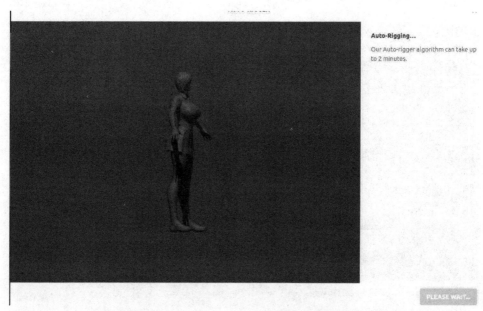

图 5-41 mixamo 上传人物模型骨骼绑定步骤 3

打开 Blender，选择菜单"File→Import→Motion Capture(.bvh)"，选择在前面生成的 BVH 文件，即可发现人物骨骼动画已经导入，如图 5-42 和图 5-43 所示。

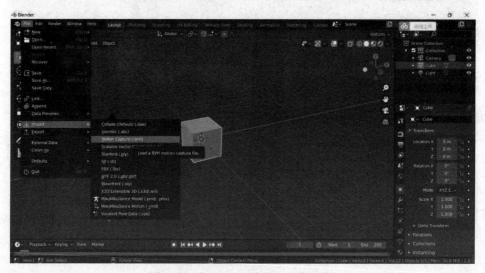

图 5-42 在 Blender 中导入动作文件

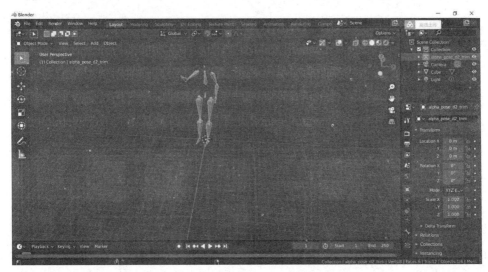

图 5-43　BVH 导入示意图

通过BVH和已经绑定好的3D模型驱动人物动作，然后单击屏幕下方的"Play Animation"按钮即可观看播放好的动画，操作到这里，3D人物模型就动起来了（见图5-44）。

图 5-44　BVH 导入动画播放

5.3.2 机器学习驱动图片——面部表情

仅仅有模型动作并不可以支撑虚拟偶像，生动丰富的面部表情是虚拟偶像的灵魂所在，这里介绍面部表情驱动的方法。常见的3D模型动画工具大都有提供变形动画的功能支持面部表情的制作，多数是通过K帧来实现的，大多是烦琐而重复性的劳动。估计很多读者都玩过让照片动起来的应用，这里介绍First Order Motion Model一阶运动模型。

First Order Motion Model是snap的工程师于2019年提出的，是一个基于给定的源图片和驱动视频，生成一段视频，并且将驱动视频里的动作赋给源图像对象从而实现静态图片的动画。模型驱动图片运动示例如图5-45所示。

图 5-45　模型驱动图片运动示例

该框架提供了一种结合Keypoint（关键点）和Affine Transformation（放射变换）的组合，通过对关键点的替换和形变来实现运动，并通过对遮挡掩模（Occulusion mask）的输出来判定哪些可通过扭曲或Inpaint实现。

Affine Transformation仿射变换是指保持共线性（线上的点变换后仍然在线上）和距离比的变换，Affine Transformation是在Linear变换的基础上添加了X、Y轴向的位移变换，如图5-46所示。

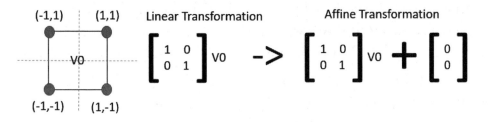

图 5-46　Affine Transformation 仿射变换解释——X 轴、Y 轴向的位移变换

事实上可以通过该变换实现二维空间的任意形变和移动。常见的几何收缩、扩展、旋转等都可认为是仿射变换或者仿射变换的组合，如图5-47所示。

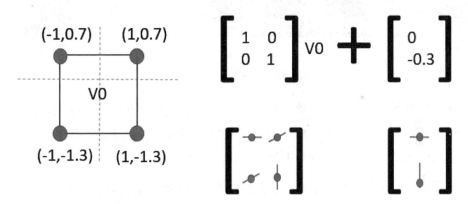

图 5-47　Affine Transformation 仿射变换——几何收缩、扩展、旋转

这里介绍一下模型训练的过程，在First Order Motion中引入的模型输入是源图像（source image）和驱动图片（Dirving Frame）。需要注意的是，这里的模型训练其实是一个驱动图片的重建过程。输入的图片来自于同一个视频的不同帧，而不需要传统的GAN等表情迁移方法，需要大量人脸或身体图片以及需要标注信息作为输入，而且泛化性很低。

如图5-48所示，训练的流程分为两个模块：一是运动估计（Motion Estimation）模块，另一个是图片生成模块，运动估计模块通过Source Image和Driving Frame的输入获取到两个输出：一个用来表示驱动帧D到原图像S的映射关系；另一个是遮挡掩模（Occulusion mask），用来表示最终生成的图形中哪些可以通过S扭曲或者Inpaint获取。图片生成模块的输入是源图片（Source Image），通过编码获取到特征层，并且结合模块一中的输出T和O进行解码，从而完成从Driving Frame到Srouce的整个重建过程。在算法中使用参考帧同时处理D和S提高效率，输出的图片为Driving Frame的动作，但是身体或表情来自Source Image。

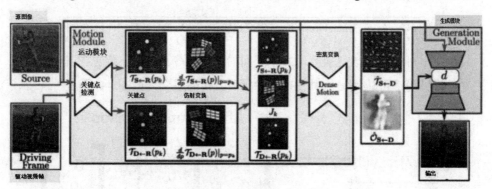

图 5-48　算法驱动示意图

关于模型的使用，这里简单介绍一下。目前模型支持256×256分辨率的图片和驱动视频输入。如果驱动视频较大或人脸区域比例较小，就建议先进行预处理，裁剪出人脸区域再带入模型进行推理。

目前对含有眼镜和帽子等带一定遮挡的图片处理的泛化程度没有那么高，感兴趣的读者可以自己尝试一下。

5.4　小　　结

目前主流的虚拟偶像实现方式包含了商业收费和免费开源的方案，总体来说商业方式更成熟、成本更高。开源方案随着技术的演进不断成熟，长期来说效果和商业方式趋同。本章主要介绍了主流的商业和开源机器学习的动作捕捉、面部表情迁移的实现方式。

第6章

基于 2D 的虚拟偶像实现方案

人在观察运动景物的过程中，光信号会传入大脑神经，在光的作用结束后，景物会有一个短暂的停留时间而不会马上消失，这种现象被称为"视觉暂留"。把一组表现了运动过程的细小差别变化的图像在相同位置进行快速、连续性的显示，就会在人眼中形成完全逼真的运动形象。在传统影视动画作品的制作过程中，利用软件逐帧对画面的表情、动作、效果等进行设计和调整，然后达到控制角色的表情和动作的目的，最终利用计算机渲染出关键帧动画。

在面部表情捕捉系统与动作捕捉系统的配合使用下，能够制作出一个面部表情与肢体动作协调一致、生动的三维角色，大大加快了动画的制作。虚拟偶像/主播的出现得益于动作捕捉技术的成熟，能够实时将演员的动作、表情等映射到虚拟人物上。

本章主要介绍通过Live 2D实现的2D模型的虚拟偶像/主播的技术细节。

6.1 动作捕捉技术

动作捕捉（Motion Capture）技术是指捕捉运动物体关键部位的动作，记录并处理动作的技术。在运动物体的关键部位设置跟踪器，由动作捕捉系统根据记录位置实时获取跟踪器位置，获取运动物体的信息后经过计算机处理后得到三维空间坐标数据。当计算机识别到这些数据后，可以将其转换为数字模型的动作，生成二维或三维的计算机动画。

动作捕捉技术经过多年的发展，目前已经出现了性能稳定的商业化产品，广泛应用于医疗、影视制作和虚拟现实等领域，涉及运动对象的尺寸测量、物理空间的定位以及方位测定等技术，典型的动作捕捉设备由以下几个部分组成：

- 传感器：固定在运动物体特定部位的跟踪装置，向动作捕捉系统提供运动物体的位置信息，一般根据动作捕捉的精细程度来确定跟踪器的数目。
- 信号捕捉设备：负责位置信号的捕捉，根据动作捕捉系统的类型不同而有所不同，对于机械系统来说是捕捉电信号的线路板，对于光学动作捕捉系统则是高分辨率红外摄像机。
- 数据传输设备：动作捕捉系统，特别是需要实时效果的动作捕捉系统，需要将大量的运动数据从信号捕捉设备快速准确地传输到计算机系统进行处理，而数据传输设备就是用来完成此项工作的。
- 数据处理设备：经过动作捕捉系统捕捉到的数据需要修正、处理后还要有三维模型相结合才能完成计算机动画制作的工作，这就需要我们应用数据处理软件或硬件来完成此项工作。软件也好，硬件也罢，它们都是借助计算机对数据高速的运算能力来完成数据处理的，可以使三维模型真正地、自然地运动起来。

经过多年的发展，相继出现了多种动作捕捉技术，按类型主要可分为机械式、声学式、电磁式、光学式及惯性式。这五种动作捕捉系统的实现原理不同，各有其优缺点，因此也被应用于不同的场景。

- 机械式动作捕捉依赖机械装置来跟踪和测量表演者的运动轨迹。这种方法的优点是成本比较低，同时精度较高，能够完成实时动作捕捉的要求，并且能容许多个角色同时表演；缺点也比较明显，使用起来不是很方便，动作受机械结构的阻碍和限制较多。
- 声学式动作捕捉一般由声波发送器、声波接收器和处理单元组成。通过测量声波从发射器到接收器的时间或者相位差，系统可以计算并确定接收器的位置和方向。这种方式的优点是成本较低，但捕捉有较大的延迟和滞后，实时性差，精度也不高，而且对于环境要求高。在实际应用中这种捕捉方式几乎不再使用。
- 电磁式动作捕捉是比较常用的动作捕捉系统之一。通过将接收传感器安置于表演者身体的关键位置，然后随着表演者的动作在电磁场中运动，接收传感器测量磁场的变化信号，根据这些数据计算出每个传感器的位置和方向，完成运动捕捉。这种方式记录的信息维数比较多，而且可以获得位置和方向。系统的实时性、采用频率和稳定性都比较高，但是对捕捉环境的磁场要求比较严格，金属物品和其他磁性物质会对捕捉产生干扰，难于在剧烈运动的场合使用。
- 光学动作捕捉是通过对运动目标上特定光点的监视和跟踪来完成动作捕捉的。在动作捕捉场景中的不同方位放置多个光学相机，发出不同角度的红外线，红外光经过运动目标关键节点的特制标志或发光点产生的反射形成不同的灰度，通过识别不同的灰度来分辨出多个标志点，从而完成对运动对象的动作捕捉。这种方式无物理结构的限制，标志点可以灵活固定在运动对象的各个部位，可以自由地表演，而且采样速率高，能够捕捉高速运动的目标。该系统的光学动作捕捉相机价格相对昂贵，对场景内的光线比较敏感，在后期进行数据修复时需要大量的工作。
- 惯性式动作捕捉是通过惯性导航传感器实时采集穿戴者的加速度、方位、倾斜角等，通过蓝牙等无线传输方式将姿态信号传送至数据处理系统，然后利用导航算法解算出穿戴者的运动姿态和位移。方式捕捉采用高度集成传感器芯片，系统体积小、重量轻、性价比高，动作捕捉精度和采样率都比较高。

面部捕捉属于动作捕捉的一部分，是指通过机械装置、相机等装置记录人脸面部表情和动作，并将之转换为一系列数据的过程。虚拟主播主要是通过动作和人脸的表情捕捉，并对捕捉的数据参数化后传递到虚拟模型上，驱动模型的骨骼和表情，进而实现虚拟主播的实时互动。虚拟主播目前主要应用在人脸表情的互动上，尤其是在Apple上通过AR功能和深度摄像头实现了表情的实时捕捉，以及深度学习对虚拟主播的发展起到了至关重要的作用。

6.1.1 ARKit 框架面部追踪

Apple在2017年发布的iOS 11系统中新增了ARKit框架，通过运用设备运动跟踪、摄像头场景布置、高级场景处理等降低了打造AR体验应用的门槛。目前ARKit提供了面部追踪、位置锚定、景深API、场景集合结构感测、即时增强现实和人物遮挡等功能。

- 面部追踪：跟踪出现在前置摄像头中的面孔，在配备A12仿生芯片及更新版本芯片的设备上可以通过前置摄像头的面部追踪功能体验到增强现实的乐趣。

- 位置锚定：在特定的地点（例如城市和著名地标）放置增强现实体验。位置锚定让你能够将增强现实作品固定到特定的经纬度和海拔高度。用户可以绕着虚拟物体移动，从不同的角度观察它们，就像通过相机镜头观察现实物体一样。

- 景深 API：激光雷达扫描仪中内置了先进的场景理解功能，此 API 使用关于周围环境的逐像素的深度信息。通过将这种深度信息与有场景几何结构感测生成的 3D 网格数据结合，便能够在 App 中放置虚拟物体，并将其无缝融合到现实环境中，让虚拟物体的遮挡显得更有真实感。

- 场景几何结构感测：为空间创建拓扑图，并使用标签来标识地板、墙壁、天花板、窗户、门和座椅等。这种对现实世界的深度理解能帮助读者为虚拟对象实现物体遮挡的功能和现实世界的物理特效，提供更多的信息来支持增强现实工作流程。

- 即时增强现实：激光雷达扫描仪能够实现超快的平面检测，无须扫描便可在现实世界中即时放置增强现实物品。在iPhone 12 Pro、iPhone 12 Pro Max 和iPad Pro 上，使用 ARKit 构建的 App 会自动支持即时增强现实的物品放置功能，无须改动任何代码。

- 人物遮挡：强现实内容能够以逼真的方式从现实世界中的人物前后通过，带来身临其境的增强现实体验，同时几乎能在任何环境中实现绿屏风格效果。

ARKit提供的面部追踪大大降低了面部表情捕捉的复杂度，通过使用ARKit框架可以方便地识别人脸相关特征。iPhone X后的深度摄像头开始广泛搭载于手机端，虚拟主播的2D或3D虚拟形象的表情通过获取iPhone的人脸追踪信息逐帧地更新模型的动作，使模型动起来。ARKit与面部追踪的相关类如下：

（1）ARSCNView

ARSCNView是一种显示使用3D SceneKit内容增强相机的AR体验视图。它提供了将3D虚拟内容和设备摄像机拍摄的现实世界混合的增强现实体验方式的简单实现。当运行视图提供ARSession对象时：

- 视图自动将设备摄像头的实时视频渲染为场景的背景。
- 视图的SceneKit场景的世界坐标系直接反映到由Session配置创建的AR世界坐标系中。
- 视图自动移动其SceneKit摄像头来匹配设备在现实世界的移动。

因为ARKit可以自动匹配SceneKit空间和现实世界，所以在现实世界中放置一个虚拟对象时，只需要正确地设置该对象的SceneKit空间位置即可。

（2）ARFaceTrackingConfiguration

ARFaceTrackingConfiguration利用iPhone的前置深度摄像头来配置跟踪面部动作和表情。由于人脸跟踪仅在带有前置深度摄像头的iPhone设备上才有，因此在进行AR配置前需要确定设备是否支持人脸跟踪功能：

```
ARFaceTrackingConfiguration.isSupported
```

（3）ARFaceAnchor

配置使用ARFaceTrackingConfiguration后，当ARKit识别到人脸时会创建一个包含人脸的位置、方向、拓扑结构和表情特征等数据的ARFaceAnchor对象，Session会自动添加该对象到anchor list中。另外，当开启了isLightEstimationEnabled的设置后，ARKit会将检测到的人脸作为灯光探测器以估算出当前环境光的照射方向及亮度信息,根据真实环境光方向和强度对3D模型进行照射以达到逼真的AR效果。

如果有多张人脸,那么ARKit会追踪最具辨识度的人脸。

人脸位置和方向:父类ARAnchor的transform属性以一个4×4矩阵描述了当前人脸在世界坐标系的位置及方向。该变换矩阵创建了一个"人脸坐标系"用以将其他模型放置到人脸的相对位置,其原点在人头中心(鼻子后方几厘米处),且为右手坐标系——x轴正方向为观察者的右方(也就是检测到的人脸的左方),y轴正方向沿头部向上,z轴正方向从人脸向外(指向观察者),如图6-1所示。

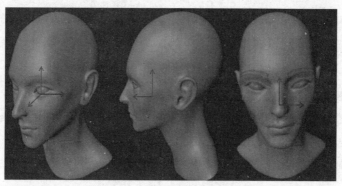

图6-1 人脸坐标系中心

- 人脸拓扑结构 ARFaceGeometry:ARFaceAnchor 的 geometry 属性封装了人脸详细的拓扑结构信息,可以包括顶点坐标、纹理坐标以及三角形索引。
- 面部表情追踪:blendShapes属性提供了当前人脸面部表情的一个高阶模型,通过一系列无表情时的偏移系数来表示面部特征。具体来说,blendShapes是一个 NSDictionary,其 key 值有多种具体的面部参数可选。ARBlendShapeLocation 用于表示特定的面部特征,通过系数来描述这些特征的相对运动。按照人脸特征可分为左眼、右眼、嘴巴和下巴、眉毛和鼻子、舌头等部位,每个部位由多个参数来描述响应的特征,比如ARBlendShapeLocationEyeBlinkLeft 代表左眼闭合的程度。每个key值对应的 value 是一个 0.0~1.0 的浮点数,0.0 代表中立情况下的取值(无对应表情时),1.0 代表响应动作的最大程度(比如眼睛闭合到最大值)。ARKit 中提供了 51 种具体的面部表情参数,我们可以采用一种或者多种参数组合来得到我们所需要的表情信息,比如用"眨眼""张嘴"等来驱动虚拟主播。

ARBlendShapeLocation表示特定的面部特征，左眼7组特征运动因子如表6-1所示，右眼7组特征运动因子如表6-2所示。需要对人眼进行控制时可以通过左眼和右眼的表情定位符来获取相应的人眼表情信息来驱动。

表 6-1 左眼特征参数

表情定位符	描述
ARBlendShapeLocationEyeBlinkLeft	左眼眨眼系数
ARBlendShapeLocationEyeLookDownLeft	左眼注视下方系数
ARBlendShapeLocationEyeLookInLeft	左眼注视鼻尖系数
ARBlendShapeLocationEyeLookOutLeft	左眼向右看系数
ARBlendShapeLocationEyeLookUpLeft	左眼目视上方系数
ARBlendShapeLocationEyeSquintLeft	左眼眯眼系数
ARBlendShapeLocationEyeWideLeft	左眼睁大系数

表 6-2 右眼特征参数

表情定位符	描述
ARBlendShapeLocationEyeBlinkRight	右眼眨眼系数
ARBlendShapeLocationEyeLookDownRight	右眼注视下方系数
ARBlendShapeLocationEyeLookInRight	右眼注视鼻尖系数
ARBlendShapeLocationEyeLookOutRight	右眼向左看系数
ARBlendShapeLocationEyeLookUpRight	右眼目视上方系数
ARBlendShapeLocationEyeSquintRight	右眼眯眼系数
ARBlendShapeLocationEyeWideRight	右眼睁大系数

嘴巴和下巴的26组特征运动因子如表6-3所示，主要包括努嘴、撇嘴、抿嘴、张嘴、闭嘴等动作时嘴巴与下巴的运动系数，需要对嘴巴动作进行驱动时，可以通过获取嘴巴和下巴相应运动因子组合来驱动模型。

表 6-3 嘴巴和下巴特征参数

表情定位符	描述
ARBlendShapeLocationJawForward	努嘴时下巴向前系数
ARBlendShapeLocationJawLeft	撇嘴时下巴向左系数
ARBlendShapeLocationJawRight	撇嘴时下巴向右系数
ARBlendShapeLocationJawOpen	张嘴时下巴向下系数
ARBlendShapeLocationMouthClose	闭嘴系数
ARBlendShapeLocationMouthFunnel	稍张嘴、双唇张开系数

（续表）

表情定位符	描述
ARBlendShapeLocationMouthPucker	抿嘴系数
ARBlendShapeLocationMouthLeft	向左撇嘴系数
ARBlendShapeLocationMouthRight	向右撇嘴系数
ARBlendShapeLocationMouthSmileLeft	左撇嘴笑系数
ARBlendShapeLocationMouthSmileRight	右撇嘴笑系数
ARBlendShapeLocationMouthFrownLeft	左嘴唇下压系数
ARBlendShapeLocationMouthFrownRight	右嘴唇下压系数
ARBlendShapeLocationMouthDimpleLeft	左嘴唇向后系数
ARBlendShapeLocationMouthDimpleRight	右嘴唇向后系数
ARBlendShapeLocationMouthStretchLeft	左嘴角向左系数
ARBlendShapeLocationMouthStretchRight	右嘴角向右系数
ARBlendShapeLocationMouthRollLower	下嘴唇卷向里系数
ARBlendShapeLocationMouthRollUpper	下嘴唇卷向上系数
ARBlendShapeLocationMouthShrugLower	下嘴唇向下系数
ARBlendShapeLocationMouthShrugUpper	上嘴唇向上系数
ARBlendShapeLocationMouthPressLeft	下嘴唇压向左系数
ARBlendShapeLocationMouthPressRight	下嘴唇压向右系数
ARBlendShapeLocationMouthLowerDownLeft	下嘴唇压向左下系数
ARBlendShapeLocationMouthUpperUpLeft	上嘴唇压向左上系数
ARBlendShapeLocationMouthUpperUpRight	上嘴唇压向右上系数

眉毛、脸颊和鼻子的10组特征运动因子如表6-4所示，包括5个眉毛运动因子、3个脸颊运动因子及2个鼻子运动因子，需要对眉毛、鼻子动作进行驱动时可以获取相应的运动因子来驱动模型。

表6-4 眉毛、脸颊和鼻子特征参数

表情定位符	描述
ARBlendShapeLocationBrowDownLeft	左眉向外系数
ARBlendShapeLocationBrowDownRight	右眉向外系数
ARBlendShapeLocationBrowInnerUp	蹙眉系数
ARBlendShapeLocationBrowOuterUpLeft	左眉向左上系数
ARBlendShapeLocationBrowOuterUpRight	右眉向右上系数
ARBlendShapeLocationCheekPuff	脸颊向外系数

(续表)

表情定位符	描述
ARBlendShapeLocationCheekSquintLeft	左脸颊向上并回旋系数
ARBlendShapeLocationCheekSquintRight	右脸颊向上并回旋系数
ARBlendShapeLocationNoseSneerLeft	左蹙鼻子系数
ARBlendShapeLocationNoseSneerRight	右蹙鼻子系数

只有配置了前置深度摄像头的iPhone设备上才支持面部检测，因此在使用面部检测时ARFaceTrackingConfiguration判断设备是否支持，代码如下：

```
guard ARFaceTrackingConfiguration.isSupported else { return }
```

当面部检测启用后，ARKit会自动添加ARFaceAnchor到ARSession中，包括位置和方向，通过实现ARSCNViewDelegate代理来获取识别到的信息。ARSCNViewDelegate协议定义如下：

代码清单6-1　ARSCNViewDelegate协议

```
@available(iOS 11.0, *)
public protocol ARSCNViewDelegate : ARSessionObserver, SCNSceneRendererDelegate {
    
    /**
     为给定的锚点提供一个自定义节点
     */
    optional func renderer(_ renderer: SCNSceneRenderer, nodeFor anchor: ARAnchor) -> SCNNode?
    
    /**
     当一个新节点被映射到给定的锚点时调用
     */
    optional func renderer(_ renderer: SCNSceneRenderer, didAdd node: SCNNode, for anchor: ARAnchor)
    
    /**
```

当节点将使用来自给定锚点的数据更新时调用

```
     */
    optional func renderer(_ renderer: SCNSceneRenderer,
willUpdate node: SCNNode, for anchor: ARAnchor)



    /**
    当节点已使用来自给定锚点的数据更新时调用
     */
    optional func renderer(_ renderer: SCNSceneRenderer, didUpdate
node: SCNNode, for anchor: ARAnchor)



    /**
    当映射节点从给定的锚点场景图中移除时调用
     */
    optional func renderer(_ renderer: SCNSceneRenderer, didRemove
node: SCNNode, for anchor: ARAnchor)
}
```

当需要获取跟踪的人脸运动因子时，可以根据ARSCNViewDelegate代理返回的不同状态来进行处理，比如识别到人脸时进行人脸跟踪，然后获取运动因子，代码实现如下：

代码清单 6-2　获取运动因子

```
    func renderer(_ renderer: SCNSceneRenderer, didUpdate node:
SCNNode, for anchor: ARAnchor) {
        guard let faceAnchor = anchor as? ARFaceAnchor else {
            return
        }

        // left eye
        let blink_left =
faceAnchor.blendShapes[.eyeBlinkLeft]?.floatValue
        let lookDown_left =
```

```
faceAnchor.blendShapes[.eyeLookDownLeft]?.floatValue
        let lookUp_left =
faceAnchor.blendShapes[.eyeLookUpLeft]?.floatValue
        let lookIn_left =
faceAnchor.blendShapes[.eyeLookInLeft]?.floatValue
        let lookOut_left =
faceAnchor.blendShapes[.eyeLookOutLeft]?.floatValue

        //right eye
        let blink_right =
faceAnchor.blendShapes[.eyeBlinkRight]?.floatValue
        let lookDown_right =
faceAnchor.blendShapes[.eyeLookDownRight]?.floatValue
        let lookUp_right =
faceAnchor.blendShapes[.eyeLookUpRight]?.floatValue
        let lookIn_right =
faceAnchor.blendShapes[.eyeLookInRight]?.floatValue
        let lookOut_right =
faceAnchor.blendShapes[.eyeLookOutRight]?.floatValue
    }
```

6.1.2 人脸面部识别

人脸关键点检测是指给定人脸图像，定位出人脸关键点坐标位置，关键点包括人脸轮廓、眼睛、眉毛、鼻子、嘴巴等。人脸关键点是人脸各个部位的重要特征点，是人脸识别、表情分析等人脸相关分析的基础。随着技术的发展和对精度要求的提高，人脸关键点的数量从最初的5个点到如今的200多个点。目前在人脸表情识别中比较常用的有68（见图6-2）和106个关键点。

深度学习在2013年首次被应用到人脸关键点检测上，Sun等人通过精心设计拥有三个层次的级联卷积网络DCN（Deep Convolutional Network），借助于深度学习强大的特征提取能力获得了更为精准的关键点检测。之后Face++在其基础上实现了68个人脸关键点的高精度定位，包括51个内部关键点和17个轮廓关键点。2014年MMLab发布了TCDCN（Task-Constrained Deep Convolutional Network）算法，使用多任务学习提升人脸关键点检测的准确度。2019年天津大学、武汉大学、腾讯AI实验室等联合提出PFAD（Practical Facial Landmark Detector），在训练阶段通过Auxiliary Net 对人脸的旋转角度进行估计，从而计算该样本的loss权重，最终达到缓解极端角度问题的效果。该模型大小仅为2.1MB，手机端能达到140fps，适合实际应用。

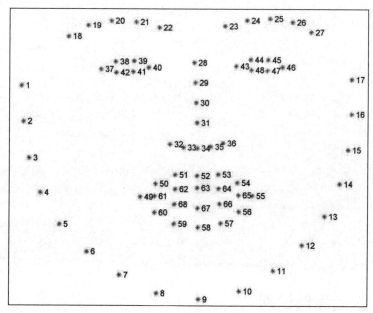

图 6-2　人脸 68 个关键点

通过深度学习技术的不断发展，人脸关键点检测算法性能不断得到提升，使得人脸跟踪无须专业设备即可使用。

6.2　Live2D 模型接入

当需要使用Live2D Cubism Editor制作模型时，需要Live2D提供必要的开发支持以及对Live2D的模型具有基本的了解。本节主要介绍Cubism Editor导出的模型结构以及Cubism SDK接入。

6.2.1 Live2D Cubism SDK

Live2D Cubism SDK是提供给软件开发者使用Live2D Cubism Editor制作的模型所需要的软件开发接口，支持的设备如图6-3所示。Cubism SDK提供了针对多种平台开发的版本，包括面向Unity、面向Native、面向Web等。

- Cubism SDK for Unity：使用Unity标准组件开发，可以在开发流程中自然嵌入。
- Cubism SDK for Native：使用C++实现，对各种架构的迁移性比较强，开发者可以通过替换SDK的部分代码实现官方不支持的平台。
- Cubism SDK for Web：在WebGL上安装的SDK，支持主要的Web浏览器，能够在广泛的环境中工作。

图6-3　Live2D Cubism SDK 支持设备

本文的Live2D模型主要是面对Native端来实现的，因此从官网下载Live2D Cubism SDK for Native，架构如图6-4所示。

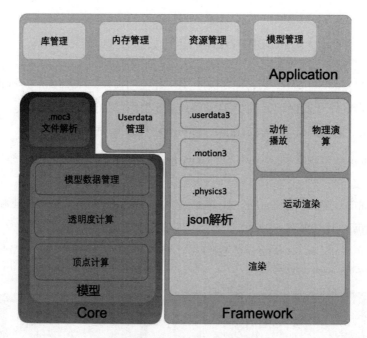

图 6-4　Live2D Cubism SDK 架构图

Live2D Cubism SDK 架构的组成有 Core、Framework、Samples 等。Cubism SDK 对每个平台都有不同的发行版，每个 SDK 的结构如下：

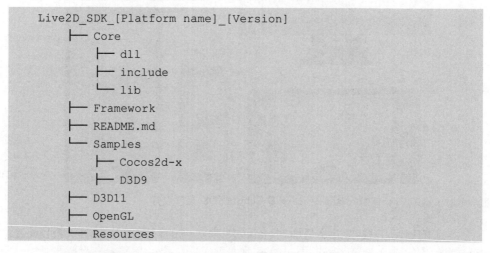

- Core 文件夹是一个核心库，允许在应用程序中加载 Cubism 模型，包含开发应用程序的头文件和特定平台的库文件。其中，dll 文件是共享库动态文件；

include 是库的头文件；lib 是库的静态文件，如.lib 或.a 文件。
- Framework 文件是 Live2D 的开源框架源码。为了更高效地开发，推荐直接使用 Lib 编译好的库文件。
- ReadMe.txt 文件包含版本历史和许可证信息的描述，也可以编写专有规范。
- Samples 文件夹包含示例代码和各个开发环境对应的项目，选择了开发环境后可以立即构建并执行。它包含显示 Live2D 及框架实现的基本功能。

6.2.2 Live2D 模型文件

在制作完成Live2D模型文件后，导出的模型数据集中包括moc3、model3.json等文件。其中，moc3文件是模型文件，model3.json是模型的配置文件，配置信息中包括在程序中使用的Live2D模型数据（.moc3）、纹理数据（.png）、物理操作设定数据（.physics3.json）等信息。model3.json的内容结构如下所示：

```
{
  "$schema": "http://json-schema.org/schema#",
  "title": "Cubism model.3json文件显示名",
  "type": "object",
  "properties": {
    "Version": {
      "description": "Json文件版本",
      "type": "number"
    },
    "FileReferences": {
      "description": "model3.json文件中其他文件的相对路径",
      "type": "object",
      "properties": {
        "Moc": {
          "description": "moc3文件相对路径",
          "type": "string"
        },
        "Textures": {
          "description": "贴图相对路径",
          "type": "array",
          "items": {
```

```
      "type": "string"
    }
  },
  "Physics": {
    "description": "[可选]physics3.json文件相对路径",
    "type": "string"
  },
  "UserData": {
    "description": "[可选]userdata3.json文件相对路径",
    "type": "string"
  },
  "Pose": {
    "description": "[可选]pose3.json文件相对路径",
    "type": "string"
  },
  "DisplayInfo": {
    "description": "[可选]cdi3.json文件相对路径",
    "type": "string"
  },
  "Expressions": {
    "description": "[可选]exp3.json文件相对路径",
    "type": "array",
    "items":{
      "type":"object",
      "properties":
      {
        "Name":{"type":"string"},
        "File":{"type":"string"}
      },
      "required": ["Name", "File"],
      "additionalProperties": false
    }
  },
  "Motions": {
    "description": "[可选]motion3.json文件相对路径",
    "type": "object",
    "patternProperties":
    {
```

```
          ".+": 
          {
            "type": "array",
            "items":{
              "$ref": "#/definitions/motion"
            }
          }
        },
        "additionalProperties": false
      }
    },
    "required": ["Moc", "Textures"],
    "additionalProperties": false
  },
  "Groups": {
    "description": "[可选] 参数组",
    "type": "array",
    "items": {
      "$ref": "#/definitions/group"
    }
  },
  "HitAreas": {
    "description": "[可选]碰撞识别",
    "type": "array",
    "items": {
      "$ref": "#/definitions/hitareas"
    }
  }
},
"required": ["Version", "FileReferences"],
"additionalProperties": false
}
```

从model3.json结构中我们可以看出必要字段是Version和FileReferences，Groups、HitAreas、Layout等都是可选的。model3.json的属性如表6-5所示。

表 6-5 model3.json 属性

属性	描述
Version	版本
FileReferences	文件引用
Groups	参数组
HitAreas	事件触发区域
Layout	布局

下面对其中的几个主要属性进行介绍。

（1）FileReferences

FileReferences属性配置了模型所需要的文件引用,包括模型文件、贴图文件、物理效果文件、姿势文件的相对路径,以及表情配置、动作事件等,如表6-6所示。

表 6-6 FileReferences 属性描述

属性	描述
Moc	Moc 模型文件相对路径
Textures	贴图文件相对路径
Expressions	表情配置
Physics	物理效果文件相对路径
Pose	姿势文件相对路径
Motions	动作事件

（2）Groups

Groups是参数组,目标标识主要是参数相关的信息,如表6-7所示。

表 6-7 参数组目标标识符

Target	描述	备注
Parameter	参数	用于一些特殊功能
PartOpacity	部件透明度	用于给用户控制某些部件透明度
ParameterValue	参数值	用于给用户控制某些参数值
ArtmeshOpacity	网格透明度	用于给用户控制某些网格透明度

Groups的结构描述如下段代码所示,从中可以看出Group所必需的字段是Target、Name、Ids等。

```
"group": {
 "description": "Group入口",
 "type": "object",
 "properties": {
   "Target": {
     "description": "Group目标"
   },
   "Name": {
     "description": "Group唯一标识符",
     "type": "string"
   },
   "Ids": {
     "description": "映射到目标的IDs",
     "type": "array",
     "items": {
       "type": "string"
     }
   }
 },
 "required": ["Target", "Name", "Ids"],
 "additionalProperties": false
}
```

Groups的属性描述如表6-8所示。

表 6-8　Groups 属性描述

属性	描述	备注	目标
Target	当 Target 为 Parameter 时只允许以下预定义值： ●EyeBlink：眨眼 ●LipSync：嘴型同步 ●LookAt：位置追踪 ●Accelerometer：加速器（硬件） ●Microphone：麦克风（硬件） ●Transform：变换 当 Target 为其他值时相当于 ID	必需	Parameter PartOpacity ParameterValue ArtmeshOpacity
Name	显示名称	向用户显示的目标名称，若不写则显示 Name 值	Parameter PartOpacity ParameterValue ArtmeshOpacity
Ids	部件或参数 ID		Parameter PartOpacity ParameterValue ArtmeshOpacity
Axes	参数轴	对应 ID 组内每个 ID 的轴，可选值为 X、Y、Z	Parameter
Factors	参数放大因子	对应 ID 组内每个 ID 的放大因子，若不填写则默认为该参数（最大值 – 最小值）/ 2	Parameter
Value	参数值		PartOpacity ParameterValue ArtmeshOpacity
Values	关键参数值	存在关键参数值时，用户界面将显示为左右箭头选择，否则显示滑动条	ParameterValue
Keys	关键参数值显示名	与 Values 一一对应	ParameterValue
Hidden	隐藏	不向用户显示此目标	PartOpacity ParameterValue ArtmeshOpacity

（3）HitAreas

HitAreas的结构描述如下所示，必要字段主要包括Name、Id两个。此属性是用来设置模型命中区域的，在点击该区域时会触发模型对输入做出反应。

```
"hitareas": {
  "description": "碰撞检测",
  "type": "object",
  "properties": {
    "Name": {
      "description": "groups的唯一表示",
      "type": "string"
    },
    "Id": {
      "description": "映射到目标的ID",
      "type": "string"
    }
  },
  "required": ["Name", "Id"],
  "additionalProperties": false
},
```

HitAreas的属性定义如表6-9所示。

表 6-9　HitAreas 属性描述

参数	描述	备注
Name	区域名称	必需
Id	区域ID	必需
Order	排列顺序	可选，数值越大触发优先级越高，默认为0
Motion	动作组名	可选

一个Live2D Cubism 制作的模型导出后的model3.json信息如下，包括文件引用、参数组和命中区域等信息。在SDK的开发中，不同的配置文件提供了相应的类来进行解析处理。

```
{
  "Version": 3,
  "FileReferences": {
```

```json
    "Moc": "xxx.moc3",
    "Textures": [
     "xxx.2048/texture_00.png",
     "xxx.2048/texture_01.png"
    ],
    "Physics": "xxx.physics3.json",
    "Pose": "xxx.pose3.json",
    "UserData": "xxx.userdata3.json",
    "Motions": {
     "Idle": [
       {
         "File": "motions/xxx_m01.motion3.json",
         "FadeInTime": 0.5,
         "FadeOutTime": 0.5
       }
     ],
     "TapBody": [
       {
         "File": "motions/xxx_m04.motion3.json",
         "FadeInTime": 0.5,
         "FadeOutTime": 0.5
       }
     ]
    },
    "Groups": [
      {
        "Target": "Parameter",
        "Name": "LipSync",
        "Ids": [
          "ParamMouthOpenY"
        ]
      },
      {
        "Target": "Parameter",
        "Name": "EyeBlink",
        "Ids": [
          "ParamEyeLOpen",
```

```
        "ParamEyeROpen"
      ]
    }
  ],
  "HitAreas": [
    {
      "Id": "HitArea",
      "Name": "Body"
    }
  ]
}
```

6.2.3 CubismFramework

在使用CubismFramework创建处理模型的项目时，处理流程包括CubismFramework初始化、获取模型文件路径、加载模型、更新过程、丢弃模型、CubismFramework终止处理。

1. CubismFramework 初始化

CubismFramework的初始化过程如代码清单6-3所示，首先定义日志选项和内存分配器变量；然后使用CubismFramework::StartUp()函数设置内存分配器和日志选项，第一个参数是LAppAllocator类的实例，用来分配内存，第二个参数是日志选项。若未设置内存分配器，则后面执行CubismFramework::Initialize()时不生效。

代码清单 6-3　CubismFramework 初始化

```
//设置日志等选项
CubismFramework::Option _cubismOption;

//分配器
LAppAllocator _cubismAllocator;

//消息输出功能
static void PrintMessage(const Csm::csmChar* message);
```

```
//设置日志输出级别。如果是LogLevel_Verbose，则输出详细日志
_cubismOption.LoggingLevel = CubismFramework::Option::
LogLevel_Verbose;
_cubismOption.LogFunction = PrintMessage;

//设置初始化CubismNativeFramework所必需的Parameter(s)
CubismFramework::StartUp(&_cubismAllocator, &_cubismOption);

//初始化CubismFramework。
CubismFramework::Initialize();
```

在应用程序开始使用CubismFramework功能前需要调用CubismFramework::Initialize()进行初始化。此函数仅会被调用一次，连续调用时会被忽略。若未调用此函数，则在使用CubismFramework功能时会报错。在调用CubismFramework::Dispos()函数终止CubismFramework之后便可通过调用initialize函数再次对其进行初始化。

2. 获取模型文件路径

通过Live2D创建模型的数据集中包含多个文件，model3.json文件包含了模型相关信息的配置。在获取模型文件路径时可以直接通过指定.moc模型文件或纹理来加载，一般建议通过model3.json文件信息获取模型文件路径。CubismFramework提供了读取文件内存的函数，如代码清单6-4所示。model3.json文件可以通过CubismFramework提供的CubismModelSettingJson类来解析，然后获取模型文件路径，如代码清单6-5所示。

代码清单6-4　model内存管理

```
csmByte* CreateBuffer(const csmChar* path, csmSizeInt* size)
{
    if (DebugLogEnable)
    {
        LAppPal::PrintLog("[APP]create buffer: %s ", path);
    }
    return LAppPal::LoadFileAsBytes(path, size);
}
```

```
void DeleteBuffer(csmByte* buffer, const csmChar* path = "")
{
    if (DebugLogEnable)
    {
        LAppPal::PrintLog("[APP]delete buffer: %s", path);
    }
    LAppPal::ReleaseBytes(buffer);
}
```

代码清单 6-5　通过 model3.json 获取模型文件

```
//加载model3.json
csmSizeInt size;
const csmString modelSettingJsonPath = _modelHomeDir +
modelSettingJsonName;
csmByte* buffer = CreateBuffer(modelSettingJsonPath, &size);
ICubismModelSetting* setting = new CubismModelSettingJson(buffer,
size);
DeleteBuffer(buffer, modelSettingJsonPath.GetRawString());

// 获取model3.json中描述的模型路径
csmString moc3Path = _modelSetting->GetModelFileName();
moc3Path = _modelHomeDir + moc3Path;
```

3. 加载模型

CubismModel提供了模型的基本操作，包括Canvas、Part、Parameter、Drawable等，可以从CubismNativeFramework中的CubismUserModel::_model获取到，在应用程序中通常继承CubismUserModel类来进行操作。此外，还可以在外部执行纹理、动作和面部表情的资源管理。这里使用继承自CubismUserModel的CubismUserModelExtend类作为示例进行讲解。Live2D的模型载入如代码清单6-6所示。LoadModel方法实现可以参看SDK开源代码。

代码清单 6-6　模型载入

```
// 创建模型的实例
CubismUserModelExtend* userModel = new CubismUserModelExtend();

// 读取moc3文件
```

```
buffer = CreateBuffer(moc3Path.GetRawString(), &size);
userModel->LoadModel(mocBuffer, mocSize);
DeleteBuffer(buffer, moc3Path.GetRawString());
```

通过model3.json文件获取需要加载的.moc3模型路径同样也可以获取配置expression、Physics及Motions等文件路径。这些可以在加载模型的同时进行操作。

4. 更新过程

Live2D的模型更新过程是通过CubismModel的update()接口来完成的。当CubismModel::Update()函数被调用时，Cubism Core会执行更新过程并更新Parameter(s)和Part(s)的顶点信息，如代码清单6-7所示。

代码清单6-7 模型更新

```
void CubismUserModelExtend::Update()
{
    //Parameter(s)操作
_model->SetParameterValue(CubismFramework::GetIdManager()->GetId("ParamAngleX"), value);

    //Part(s)不透明操作
    _model->SetPartOpacity(CubismFramework::GetIdManager()->GetId("PartArmL"), opacity);

    //更新模型顶点信息
    _model->Update();
}
```

在更新的过程中，遵循执行顺序、动态播放等，在CubismModel::Update()之后便更新了Parameter(s)的值，但不会实现参数的更新，需要再次调用CubismModel::Update()方法才能使模型重新设置顶点信息，如代码清单6-8所示。

代码清单6-8 模型更新顺序

```
//反映在顶点上
    _model->SetParameterValue(CubismFramework::GetIdManager()->GetId("ParamAngleX"), value);
```

```
//更新模型顶点信息
_model->Update();

//不反映在顶点上
_model->SetParameterValue(CubismFramework::GetIdManager()->GetI
d("ParamAngleX"), value);
```

在播放动作时使用MotionManager∷UpdateMotion()函数，参数是用于播放的动作ID。Parameter(s)可以更新其中的任何值，在此之前即便使用MotionManager∷UpdateMotion ()更新了动作也会被参数覆盖，建议先执行动作的回放操作再执行参数的更新，如代码清单6-9所示。

代码清单 6-9　更新模型动作

```
//将播放动作反映到模型
_motionManager->UpdateMotion(_model, deltaTimeSeconds);

// 值处理，例如眼球运动追踪Physics处理
 ...
// 更新模型顶点信息
_model->Update();
```

另外，在动作执行时所有的Parameter(s)不被使用。例如，在运动播放停止后不保留之前一帧的参数结果，就可能会出现异常。在模型动作执行前调用CubismModel ∷ LoadParameter()方法、在动作执行后调用CubismModel ∷ SaveParameter()方法可以重置动作值的操作。

代码清单 6-10　Live2D 初始化

```
//全部Parameter(s)恢复值
_model->LoadParameters();

//将播放动作反映到模型
_motionManager->UpdateMotion(_model, deltaTimeSeconds);

//全部Parameter(s)保存
_model->SaveParameters();
```

```
//相对值操作处理
…
//更新模型顶点信息
_model->Update();
```

5. 销毁模型

在应用程序不需要Live2D时需要销毁模型，需要销毁派生类CubismUserModelExtend的实例，如代码清单6-11所示，并且动作、面部表情、Physics等信息也会在析构函数中丢弃。

代码清单 6-11　销毁模型

```
//销毁模型数据
delete  userModel ;
```

6. CubismFramework 终止处理

最后调用CubismFramework ::Dispose()函数来释放Live2D所占用的资源，如代码清单6-12所示。注意，在调用CubismFramework ::Dispose()之前需要先销毁所有模型。

代码清单 6-12　结束

```
//销毁CubismFramework
Cubism Framework::Dispose();
```

6.3　Cubism SDK+ARKit 实现

Live2D模型的展示需要通过官方提供的Cubism SDK来实现，目前提供了Unity、Native、Web等平台的SDK，部分平台（如FaceRig等）还提供了SDK的集成，可以直接加载模型。如果用户要自己实现一个Live2D模型的展示，最简单的方式是使用ARKit人脸追踪和CubismSDK。本节基于iOS平台对此种方案的实现进行介绍。

6.3.1　Cubism SDK 集成

通过XCode创建一个iOS端项目，并设置项目名、BundleID、开发语言等信息，如图6-5所示。项目创建成功后导入SDK，CubismSDK的结构比较复杂，既有Core里的静态库也有Framework中的开源部分，代码中也有多平台的支持。

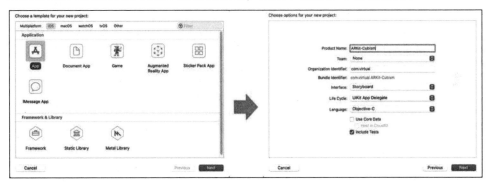

图 6-5　iOS 工程创建

在工程中创建CubismSDK的Group（用来分组），然后把Core和Framework导入工程中。由于iOS设备上的SDK渲染方式只有OpenGL，因此不需要Framework的Rendering中的其他方式，在项目中只保留OpenGL方式。在工程中导入OpenGL相关库，如图6-6所示。

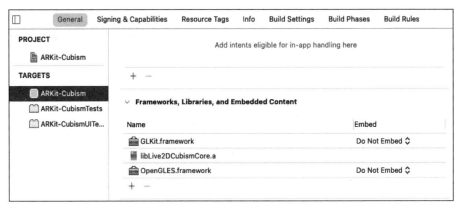

图 6-6　cubism SDK 依赖添加

在导入cubism SDK相关文件后，需要在Build Setting中添加相关配置，具体如下：

（1）在Build Settings→Search Paths中添加头文件搜索路径，如图6-7所示。

```
$(PROJECT_DIR)/ARKit-Cubism/Cubism/Core/include
$(PROJECT_DIR)/ARKit-Cubism/Cubism/Framework/src
```

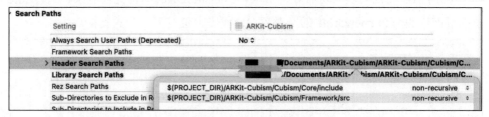

图 6-7　Header Search Paths

（2）在Build Settings→Search Paths中添加静态库搜索路径，如图6-8所示。

```
$(PROJECT_DIR)/ARKit-Cubism/Cubism/Core/lib/ios/Release-iphoneos
```

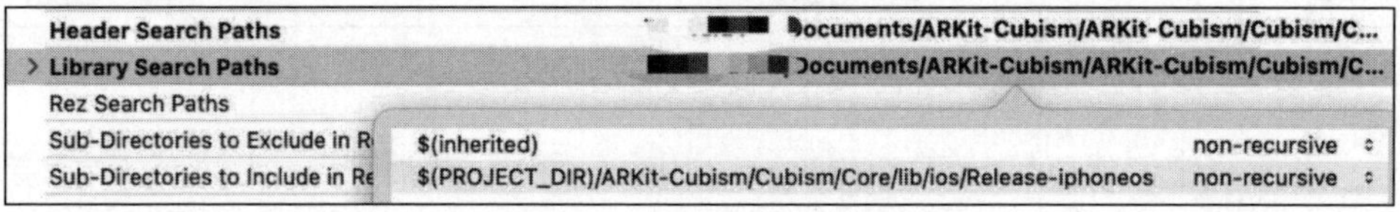

图 6-8　Library Search Paths

（3）在Build Setting→Other Linker Flags中添加静态库的连接参数lLive2DCubismCore，如图6-9所示。

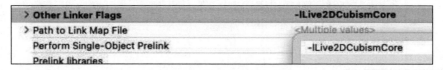

图 6-9　Linker Flags

（4）在Build Setting→Other C Flags中添加宏定义-DCSM_TARGET_IPHONE_ES2来标识平台，如图6-10所示。

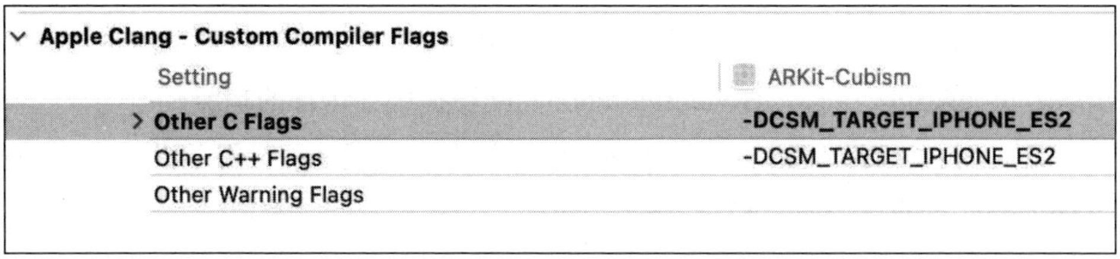

Apple Clang - Custom Compiler Flags	
Setting	ARKit-Cubism
> Other C Flags	-DCSM_TARGET_IPHONE_ES2
Other C++ Flags	-DCSM_TARGET_IPHONE_ES2
Other Warning Flags	

图 6-10　C Flags

按照以上步骤导入Cubism SDK文件及添加配置后SDK集成完成，编译通过。

6.3.2　ARKit 人脸追踪添加

在工程中添加ARKit功能时首先需要导入ARKit.framwork库，然后在使用的文件中导入ARKit.h头文件。由于ARKit功能需要设备摄像机的权限，因此需要在info.plist的配置项中添加NSCameraUsageDescription相机权限配置。ARSCNView提供了ARKit的标准显然框架，所以先定义ARSCNView变量并进行初始化，如代码清单6-13所示。ARSCNView会自动创建ARSession来管理AR应用的生命周期。

代码清单 6-13　ARSCNView 定义及初始化

```
class ViewController: UIViewController {
   var sceneView:ARSCNView?
   
   override func viewDidLoad() {
      super.viewDidLoad()
      
      sceneViewInit()
   }
   
   private func sceneViewInit(){
      sceneView = ARSCNView(frame: self.view.frame)
      sceneView?.delegate = self
      sceneView?.session.delegate = self
      self.view.addSubview(sceneView!)
   }
   …
}
```

ARKit提供了现实世界场景跟踪、图像跟踪、面部跟踪等多种功能，不同的功能有不同的配置要求。ARConfiguration的配置提供了运行的功能及所需要的硬件资源，因此ARSession运行时根据配置文件来决定AR应用的类型。运行ARSession配置的方法如代码清单6-14所示。

代码清单6-14　ARSCNView 定义及初始化

```
- (void)runWithConfiguration:(ARConfiguration *)configuration
            options:(ARSessionRunOptions)options
```

该方法有两个参数：第一个参数用于指定运行的配置文件，第二个参数用于指定ARSession启动时需要执行的操作。该选项由ARSessionRunOptions枚举定义，各项含义如表6-10所示。

表 6-10　ARSessionRunOptions 枚举含义

名称	描述
ARSessionRunOptionResetTracking	重置设备位置，重新开始跟踪
ARSessionRunOptionRemoveExistingAnchors	Session 将移除已存在的所有 ARanchor
ARSessionRunOptionStopTrackedRaycasts	Session 停止当前活动的跟踪投影
ARSessionRunOptionResetSceneReconstruction	Session 将重置场景并重建

在初始化ARSCNView之后，在页面显示时对ARSession进行功能配置。配置人脸跟踪功能的代码如代码清单6-15所示。

代码清单6-15　配置人脸跟踪功能

```
func faceTrackingConfig() {
    guard ARFaceTrackingConfiguration.isSupported else {
       return
    }
    let config = ARFaceTrackingConfiguration()
    config.isLightEstimationEnabled = true
    sceneView?.session.run(config,
                    options:
[.resetTracking, .removeExistingAnchors])
  }
```

当ARSession开始运行后，人脸跟踪的状态信息会通过delegate的方式返回。

所以，要获取人脸相关信息就要实现ARSCNViewDelegate的相关方法，要对Session的变动进行处理就需要实现ARSessionDelegate的相关方法。通过delegate方法获得人脸信息的代码如代码清单6-16所示。

代码清单6-16　通过delegate方法获得人脸信息

```
extension ViewController:ARSCNViewDelegate, ARSessionDelegate {
    func sessionWasInterrupted(_ session: ARSession) {
        DispatchQueue.main.async {
            self.faceTrackingConfig()
        }
    }
    func renderer(_ renderer: SCNSceneRenderer, didUpdate node: SCNNode, for anchor: ARAnchor) {
        guard let faceAnchor = anchor as? ARFaceAnchor else {
            return
        }
        guard
            let eyeBlinkL = faceAnchor.blendShapes[.eyeBlinkLeft]?.floatValue,
            let eyeBlinkR = faceAnchor.blendShapes[.eyeBlinkRight]?.floatValue,
            let browInnerUp = faceAnchor.blendShapes[.browInnerUp]?.floatValue,
            let browOutUpL = faceAnchor.blendShapes[.browOuterUpLeft]?.floatValue,
            let browOutUpR = faceAnchor.blendShapes[.browOuterUpRight]?.floatValue,
            let jawOpen = faceAnchor.blendShapes[.jawOpen]?.floatValue,
            let mouthFunnel = faceAnchor.blendShapes[.mouthFunnel]?.floatValue
        else {
            return
        }
    }
}
```

6.3.3　Live2D 模型添加

在添加了Cubism SDK和ARKit的人脸跟踪功能后，我们开始使用Cubism SDK提供的功能来加载Live2D 模型。在Cubism提供的Demo中初步封装了一些SDK的功能，其中LAppPal类依赖SDK和系统实现了文件和时间的操作。文件的读取释放依赖于平台提供的功能，然后转成Cubism SDK需要的类型，实现的代码如代码清单6-17所示。

代码清单6-17　文件读取与释放

```
    csmByte* LAppPal::LoadFileAsBytes(const string filePath,
csmSizeInt* outSize)
    {
        int path_i = static_cast<int>(filePath.find_last_of("/")+1);
        int ext_i = static_cast<int>(filePath.find_last_of("."));
        std::string pathname = filePath.substr(0,path_i);
        std::string extname =
filePath.substr(ext_i,filePath.size()-ext_i);
        std::string filename = filePath.substr(path_i,ext_i-path_i);
        NSString* castFilePath = [[NSBundle mainBundle]
                        pathForResource:[NSString
stringWithUTF8String:filename.c_str()]
                        ofType:[NSString
stringWithUTF8String:extname.c_str()]
                        inDirectory:[NSString
stringWithUTF8String:pathname.c_str()]];

        NSData *data = [NSData dataWithContentsOfFile:castFilePath];
        NSUInteger len = [data length];
        Byte *byteData = (Byte*)malloc(len);
        memcpy(byteData, [data bytes], len);

        *outSize = static_cast<Csm::csmSizeInt>(len);
        return static_cast<Csm::csmByte*>(byteData);
    }
```

```
void LAppPal::ReleaseBytes(csmByte* byteData)
{
    free(byteData);
}
```

Cubism SDK 的初始化和注销都是全局唯一的，因此在 App 进入或者使用前初始化 Live2D 配置，在 App 退出或使用后注销。对这部分代码进行封装，通过实现一个 CubismManager 类来实现开启和注销的生命周期管理，主要代码如代码清单 6-18 所示。

代码清单 6-18　CubismFramework 初始化与结束

```
@interface CubismManager ()
@property (nonatomic) LAppAllocator cubismAllocator; // Cubism SDK Allocator
@property (nonatomic) Csm::CubismFramework::Option cubismOption; // Cubism SDK Option
@end

@implementation CubismManager
/// 创建单例
+ (instancetype)sharedInstance{
    static CubismManager *sharedManager;
    
    static dispatch_once_t onceToken;
    dispatch_once(&onceToken, ^{
        sharedManager = [[CubismManager alloc] init];
    });
    
    return sharedManager;
}

/// CubismFramework 初始化
- (void)initializeCubism{
    _cubismOption.LogFunction = LAppPal::PrintMessage;
    _cubismOption.LoggingLevel = Csm::CubismFramework::Option::LogLevel::LogLevel_Verbose;
```

```
Csm::CubismFramework::StartUp(&_cubismAllocator,&_cubismOption);

    Csm::CubismFramework::Initialize();
}

/// CubismFramework 注销
- (void)disposeCubism{
    Csm::CubismFramework::Dispose();
}

@end
```

在Demo中的LAppModel封装了模型的生成、功能逐渐生成、处理和更新。我们基于此类的功能结合iOS的平台特效进行封装，创建Cubism4Model类。在载入模型路径后，通过ICubismModelSetting类解析配置信息，然后解析配置文件中信息读取模型、物理运动、姿势等。对模型信息的载入如代码清单6-19所示。

代码清单6-19　Live2D 模型配置载入

```
using namespace Live2D::Cubism::Framework;
@interface Cubism4Model ()
...
@property (nonatomic) CubismMoc* moc;
@property (nonatomic) CubismModel* model;
@property (nonatomic) CubismPhysics* physics;
@property (nonatomic) CubismPose* pose;
@property (nonatomic) CubismModelMatrix* modelMatrix;
...
@end

@implementation Cubism4Model
...
- (void)parsingModelInfo:(ICubismModelSetting *)setting{
    self.isInitialized = false;
    self.modelSetting = setting;
    
    csmByte *buffer;
```

```objc
        csmSizeInt size;
        csmString homeDir = self.modelHomeDir.UTF8String;
        
        //Cubism Model
        if (strcmp(_modelSetting->GetModelFileName(), "") != 0) {
            csmString path = _modelSetting->GetModelFileName();
            path = homeDir + path;
            
            buffer = LAppPal::LoadFileAsBytes(path.GetRawString(), &size);
            [self loadModelBuffer:buffer Size:size];
            LAppPal::ReleaseBytes(buffer);
        }
        //Physics
        if (strcmp(_modelSetting->GetPhysicsFileName(), "") != 0)
        {
            csmString path = _modelSetting->GetPhysicsFileName();
            path = homeDir + path;
            
            buffer = LAppPal::LoadFileAsBytes(path.GetRawString(), &size);
            [self loadPhysicsBuffer:buffer Size:size];
            LAppPal::ReleaseBytes(buffer);
        }
        //Pose
        if (strcmp(_modelSetting->GetPoseFileName(), "") != 0)
        {
            csmString path = _modelSetting->GetPoseFileName();
            path = homeDir + path;
            buffer = LAppPal::LoadFileAsBytes(path.GetRawString(), &size);
            [self loadPoseBuffer:buffer Size:size];
            LAppPal::ReleaseBytes(buffer);
        }
        self.isInitialized = true;
    }
    - (void)loadModelBuffer:(const csmByte*)buffer Size:(csmSizeInt)size
```

```
    {
        _moc = CubismMoc::Create(buffer, size);
        _model = _moc->CreateModel();

        if ((_moc == NULL) || (_model == NULL))
        {
            CubismLogError("Failed to CreateModel().");
            return;
        }
        _modelMatrix = CSM_NEW
CubismModelMatrix(_model->GetCanvasWidth(),
_model->GetCanvasHeight());
    }
    - (void)loadPhysicsBuffer:(const csmByte*)buffer
Size:(csmSizeInt) size
    {
        _physics = CubismPhysics::Create(buffer, size);
    }

    - (void)loadPoseBuffer:(const csmByte*)buffer Size:(csmSizeInt)
size
    {
        _pose = CubismPose::Create(buffer, size);
    }
    ...
    @end
```

载入模型后通过OpenGL渲染模型，渲染时需要根据配置文件获取纹理信息——首先对渲染器进行管理，然后通过渲染器绑定纹理信息。代码实现如代码清单6-20所示。

代码清单6-20　渲染器及纹理处理

```
@interface Cubism4Model ()
...
@property (nonatomic) ICubismModelSetting* modelSetting;
@property (nonatomic) Rendering::CubismRenderer* renderer;
@property (nonatomic) LAppTextureManager* textureManager;
```

```objc
    ...
    @end

    @implementation Cubism4Model

    - (instancetype)init{
        if (self = [super init]) {
            _textureManager = [[LAppTextureManager alloc] init];

            ...
        }
        return self;
    }

    ...

    - (void)reloadRender{
        [self deleteRenderer];
        _renderer = Rendering::CubismRenderer::Create();
        _renderer->Initialize(_model);
    }

    - (void)deleteRenderer {
        if (_renderer) {
            Rendering::CubismRenderer::Delete(_renderer);
            _renderer = NULL;
        }
    }

    - (Rendering::CubismRenderer_OpenGLES2 *)getRender
    {
        return dynamic_cast<Rendering::CubismRenderer_OpenGLES2*>(_renderer);
    }

    - (void)SetupTextures{
        for (csmInt32 modelTextureNumber = 0; modelTextureNumber < _modelSetting->GetTextureCount(); modelTextureNumber++) {
```

```
            if 
(strcmp(_modelSetting->GetTextureFileName(modelTextureNumber), "") 
== 0) {
                continue;
            }

            csmString path = [_modelHomeDir UTF8String];
            path += 
_modelSetting->GetTextureFileName(modelTextureNumber);

            TextureInfo* texture = [_textureManager 
createTextureFromPngFile:path.GetRawString()];
            csmInt32 glTextueNumber = texture->id;

            [self getRender]->BindTexture(modelTextureNumber, 
glTextueNumber);
        }
        [self getRender]->IsPremultipliedAlpha(true);
    }

    ...

    @end
```

在设置配置文件路径时首先读取配置文件、加载模型、重新生成渲染器，之后载入纹理，如代码清单6-21所示。

代码清单 6-21　载入模型配置文件

```
- (void)loadAssets:(NSString *)dir fileName:(NSString *)fileName{
    self.modelHomeDir = dir;
    NSString *filePath = [dir stringByAppendingString:fileName];

    csmSizeInt size;
    csmByte *buffer = 
LAppPal::LoadFileAsBytes(filePath.UTF8String, &size);
    ICubismModelSetting *setting = new 
CubismModelSettingJson(buffer, size);
    LAppPal::ReleaseBytes(buffer);
```

```
    [self parsingModelInfo:setting];
    [self reloadRender];
    [self SetupTextures];
}
```

CubismFramework提供了一个4×4的矩阵来进行视图的控制，通过对4×4矩阵的操作来控制渲染的画布信息、显示画布及更新视图属性，如代码清单6-22所示。

代码清单6-22　视图显示处理

```
@interface Cubism4Model ()

...
@property (nonatomic) Csm::csmFloat32 userTimeSeconds;
@property (nonatomic) Csm::CubismMatrix44 *drawMatrix;
@end

@implementation Cubism4Model

- (instancetype)init{
    if (self = [super init]) {
     ...
        _drawMatrix = new Csm::CubismMatrix44();
    }
    return  self;
}

...

- (void)scale:(float)x Y:(float)y
{
    _drawMatrix->Scale(x, y);
}

- (void)scaleRelative:(float)x Y:(float)y
{
    _drawMatrix->ScaleRelative(x, y);
```

```objc
}

- (void)translate:(float)x Y:(float)y
{
    _drawMatrix->Translate(x, y);
}

- (void)translateX:(float)x
{
    _drawMatrix->TranslateX(x);
}

- (void)translateY:(float)y
{
    _drawMatrix->TranslateY(y);
}

- (void)update {
    const csmFloat32 deltaTimeSeconds = LAppPal::GetDeltaTime();
    _userTimeSeconds += deltaTimeSeconds;

    if (_physics != NULL) {
        _physics->Evaluate(_model, deltaTimeSeconds);
    }

    if (_pose != NULL)
    {
        _pose->UpdateParameters(_model, deltaTimeSeconds);
    }

    _model->Update();
    _drawMatrix->LoadIdentity();
}

- (void)draw{
    if (self.model == NULL) {
        return;
    }
```

```
    [self getRender]->SetMvpMatrix(_drawMatrix);
    [self getRender]->DrawModel();
}

@end
```

载入模型后需要根据人脸追踪的属性控制模型的运动,这就需要对属性进行操作。Live2D定义了多种默认属性,我们通过枚举定义与默认参数对应来简化调用,如代码清单6-23所示。

代码清单6-23　根据人脸追踪的属性控制模型的运动

```
//参数枚举定义
typedef NS_ENUM(NSInteger, CubismParamId) {
    AngleX,
    AngleY,
    AngleZ,
    EyeLOpen,
    EyeROpen,
    EyeLSmile,
    EyeRSmile,
    EyeBallX,
    EyeBallY,
    BrowLY,
    BrowRY,
    BrowLX,
    BrowRX,
    BrowLAngle,
    BrowRAngle,
    BodyAngleX,
    BodyAngleY,
    BodyAngleZ,
    BustX,
    BustY,
};

@interface Cubism4Model ()
```

```objc
@property (nonatomic) const CubismId *angleX;
@property (nonatomic) const CubismId *angleY;
@property (nonatomic) const CubismId *angleZ;
@property (nonatomic) const CubismId *eyeLOpen;
@property (nonatomic) const CubismId *eyeROpen;
@property (nonatomic) const CubismId *eyeLSmile;
@property (nonatomic) const CubismId *eyeRSmile;
@property (nonatomic) const CubismId *eyeBallX;
@property (nonatomic) const CubismId *eyeBallY;
@property (nonatomic) const CubismId *browLX;
@property (nonatomic) const CubismId *browLY;
@property (nonatomic) const CubismId *browRX;
@property (nonatomic) const CubismId *browRY;
@property (nonatomic) const CubismId *browLAngle;
@property (nonatomic) const CubismId *browRAngle;
@property (nonatomic) const CubismId *bodyAngleX;
@property (nonatomic) const CubismId *bodyAngleY;
@property (nonatomic) const CubismId *bodyAngleZ;
@property (nonatomic) const CubismId *bustX;
@property (nonatomic) const CubismId *bustY;
@end

@implementation Cubism4Model

- (instancetype)init{
    if (self = [super init]) {
        [self paramStatusInit];
        ...
    }
    return self;
}

- (void)paramStatusInit{
    CubismIdManager *manager = CubismFramework::GetIdManager();
    self.angleX = manager->GetId(DefaultParameterId::ParamAngleX);
    self.angleY =
```

```
manager->GetId(DefaultParameterId::ParamAngleY);
        self.angleZ =
manager->GetId(DefaultParameterId::ParamAngleZ);
        self.eyeLOpen =
manager->GetId(DefaultParameterId::ParamEyeLOpen);
        self.eyeROpen =
manager->GetId(DefaultParameterId::ParamEyeROpen);
        self.eyeLSmile =
manager->GetId(DefaultParameterId::ParamEyeLSmile);
        self.eyeRSmile =
manager->GetId(DefaultParameterId::ParamEyeRSmile);
        self.eyeBallX =
manager->GetId(DefaultParameterId::ParamEyeBallX);
        self.eyeBallY =
manager->GetId(DefaultParameterId::ParamEyeBallY);
        self.browLX =
manager->GetId(DefaultParameterId::ParamBrowLX);
        self.browLY =
manager->GetId(DefaultParameterId::ParamBrowLY);
        self.browRX =
manager->GetId(DefaultParameterId::ParamBrowRX);
        self.browRY =
manager->GetId(DefaultParameterId::ParamBrowRY);
        self.browLAngle =
manager->GetId(DefaultParameterId::ParamBrowLAngle);
        self.browRAngle =
manager->GetId(DefaultParameterId::ParamBrowRAngle);
        self.bodyAngleX =
manager->GetId(DefaultParameterId::ParamBodyAngleX);
        self.bodyAngleY =
manager->GetId(DefaultParameterId::ParamBodyAngleY);
        self.bodyAngleZ =
manager->GetId(DefaultParameterId::ParamBodyAngleZ);
        self.bustX = manager->GetId(DefaultParameterId::ParamBustX);
        self.bustY = manager->GetId(DefaultParameterId::ParamBustY);
    }

    - (const CubismId *)cubismIdByParamType:(CubismParamId)paramId{
```

```
const CubismId *pId;
switch (paramId) {
    case AngleX:
        pId = self.angleX;
        break;
    case AngleY:
        pId = self.angleY;
        break;
    case AngleZ:
        pId = self.angleZ;
        break;
    case EyeLOpen:
        pId = self.eyeLOpen;
        break;
    case EyeROpen:
        pId = self.eyeROpen;
        break;
    case EyeLSmile:
        pId = self.eyeLSmile;
        break;
    case EyeRSmile:
        pId = self.eyeRSmile;
        break;
    case EyeBallX:
        pId = self.eyeBallX;
        break;
    case EyeBallY:
        pId = self.eyeBallY;
        break;
    case BrowLY:
        pId = self.browLY;
        break;
    case BrowRY:
        pId = self.browRY;
        break;
    case BrowLX:
        pId = self.browLX;
        break;
```

```
            case BrowRX:
                pId = self.browRX;
                break;
            case BrowLAngle:
                pId = self.browLAngle;
                break;
            case BrowRAngle:
                pId = self.browRAngle;
                break;
            case BodyAngleX:
                pId = self.bodyAngleX;
                break;
            case BodyAngleY:
                pId = self.bodyAngleY;
                break;
            case BodyAngleZ:
                pId = self.bodyAngleZ;
                break;
            case BustX:
                pId = self.bustX;
                break;
            case BustY:
                pId = self.bustY;
                break;
        }
        return pId;
}

- (void)setParameter:(CubismParamId)paramId Value:(float)value{
    const CubismId *pId = [self cubismIdByParamType:paramId];
    _model->SetParameterValue(pId, value);
}

...

@end
```

对CubismFramwork的功能进行封装后，可以在iOS的页面中进行渲染，然后获取ARKit人脸跟踪的属性信息更新载入的模型，使模型动起来。页面继承自GLKViewController，首先在页面初始化和注销时调用CubismManager类的方法进行初始化和注销，然后通过OpenGL设置渲染上下文，对OpenGL的初始化及Model的画布进行设置，如代码清单6-24所示。

代码清单6-24　OpenGL渲染

```swift
class ViewController: GLKViewController {
    var sceneView:ARSCNView?
    
    public var isOpenGLRun = false
    var glkView: GLKView {
        return view as! GLKView
    }
    
    private var vertexBufferId: GLuint = 0
    private var fragmentBufferId: GLuint = 0
    private var programId: GLuint = 0
    
    private let uv: [GLfloat] = [
        0.0, 1.0,
        1.0, 1.0,
        0.0, 0.0,
        1.0, 0.0
    ]
    
    private var model: Cubism4Model?
    
    func cubismModelLoad() {
        model = Cubism4Model()
        model?.loadAssets("Model/mark_free/", fileName: "mark_free_t02.model3.json")
    }
    
    private func setupOpenGL() {
        isOpenGLRun = true
        guard let ctx = EAGLContext(api: .openGLES2) else {
            fatalError("Failed to init EAGLContext")
```

```swift
        }

        glkView.context = ctx
        EAGLContext.setCurrent(glkView.context)

        glTexParameteri(GLenum(GL_TEXTURE_2D), GLenum(GL_TEXTURE_MAG_FILTER), GL_LINEAR)
        glTexParameteri(GLenum(GL_TEXTURE_2D), GLenum(GL_TEXTURE_MIN_FILTER), GL_LINEAR)

        glEnable(GLenum(GL_BLEND))
        glBlendFunc(GLenum(GL_SRC_ALPHA), GLenum(GL_ONE_MINUS_SRC_ALPHA))

        glGenBuffers(1, &vertexBufferId)
        glBindBuffer(GLenum(GL_ARRAY_BUFFER), vertexBufferId)

        glGenBuffers(1, &fragmentBufferId)
        glBindBuffer(GLenum(GL_ARRAY_BUFFER), fragmentBufferId)
        glBufferData(GLenum(GL_ARRAY_BUFFER), MemoryLayout<GLfloat>.size * uv.count, uv, GLenum(GL_STATIC_DRAW))
    }

    override func glkView(_ view: GLKView, drawIn rect: CGRect) {
        CubismManager.sharedInstance().updateTime()

        if isOpenGLRun {
            model?.update()

            glClear(GLbitfield(GL_COLOR_BUFFER_BIT))
            glClearColor(1.0, 1.0, 1.0, 1.0)

            model?.scale(1.0, y: Float(rect.size.width / rect.size.height))
            model?.scaleRelative(4.0, y: 4.0)
            model?.translateY(-0.2)

            model?.draw()
```

```
        }
    }
}
```

在模型载入画面后根据ARKit的面部追踪信息实时更新模型的参数，实现模型跟随人脸动作进行运动，实现代码如代码清单6-25所示。

代码清单6-25　面部追踪与模型绑定

```
extension ViewController:ARSCNViewDelegate, ARSessionDelegate {
    func renderer(_ renderer: SCNSceneRenderer, didUpdate node: SCNNode, for anchor: ARAnchor)
    {
        guard let faceAnchor = anchor as? ARFaceAnchor else {
            return
        }

        guard let eyeBlinkL = faceAnchor.blendShapes[.eyeBlinkLeft]?.floatValue,
            let eyeBlinkR = faceAnchor.blendShapes[.eyeBlinkRight]?.floatValue,
            let browInnerUp = faceAnchor.blendShapes[.browInnerUp]?.floatValue,
            let browOutUpL = faceAnchor.blendShapes[.browOuterUpLeft]?.floatValue,
            let browOutUpR = faceAnchor.blendShapes[.browOuterUpRight]?.floatValue,
            let jawOpen = faceAnchor.blendShapes[.jawOpen]?.floatValue,
            let mouthFunnel = faceAnchor.blendShapes[.mouthFunnel]?.floatValue
            else {
                return
        }

        model?.setParameter(.EyeLOpen, value: 1.0 - eyeBlinkL)
        model?.setParameter(.EyeROpen, value: 1.0 - eyeBlinkR)

        model?.setParameter(.BrowLY, value: (browInnerUp +
```

```
browOutUpL)/2.0)
        model?.setParameter(.BrowRY, value: (browInnerUp +
browOutUpR)/2.0)

        model?.setParameter(.MouthForm, value: jawOpen * 1.6)
        model?.setParameter(.MouthOpenY, value: mouthFunnel)

        let newFaceMatrix = SCNMatrix4(faceAnchor.transform)
        let faceNode = SCNNode()
        faceNode.transform = newFaceMatrix

        model?.setParameter(.AngleX, value:
faceNode.eulerAngles.x * -360/Float.pi)
        model?.setParameter(.AngleY, value:
faceNode.eulerAngles.x * 360/Float.pi)
        model?.setParameter(.AngleZ, value:
faceNode.eulerAngles.x * -360/Float.pi)
    }
}
```

实现模型的加载及面部跟踪后,效果如图6-11所示。

图6-11　模型跟踪效果

6.4 Live2D + FaceRig 方案实现

虚拟主播最简单的实现方式是利用已有的商业软件进行配置，目前市面上支持Live2D技术的有多款软件，如FaceRig、Live2DViewEx等。面部软件FaceRig的出现促使虚拟主播走向大众，不断涌现出新的虚拟主播。本节将介绍通过FaceRig和Live2D实现虚拟主播的方法。

6.4.1 FaceRig 概述

FaceRig是一款由Holotech工作室开发的面部捕捉软件，运用基于图像的脸部跟踪技术捕捉使用者的面部，然后改变屏幕中虚拟人物的面部表情。因此，FaceRig可以通过一个普通的WebCam来数字化表达自己的虚拟形象。它是一个开放的创造平台，每个人都能制作属于自己的形象、背景或道具并导入FaceRig中使用。

FaceRig目前有3个版本，可以通过Stream进行购买：

- FaceRig Classic 是 FaceRig 的基础版本，允许家庭非营利使用，甚至在YouTube/Twitch 或相似网站进行有限的货币化。
- FaceRig Pro 是 Classic 的 DLC 版本，功能没有增加，但是允许你通过YouTube/Twitch 或相似网站获利，不管月收入如何。
- FaceRig Studio 是一款专业软件，允许任何人使用不同的运动跟踪传感器以数字方式体现 CG 角色。输出的视频可以实时传输保存为电影或者导出为动画。它旨在成为一个开放的创作平台，因此每个人都可以制作自己的角色、背景或道具，并将它们导入 FaceRig Studio 中。

本节使用FaceRig Classic及Live2D插件实现模型的运动。在Stream上搜索FaceRig，结果如图6-12所示，兑换秘钥或购买程序后，FaceRig会自动添加到Stream软件库。

图 6-12 Stream 搜索界面

FaceRig下载完成后,单击"启动"按钮;第一次安装过程中需要一段时间,需要安装FaceRig所需的各种发型组件,如图6-13所示。

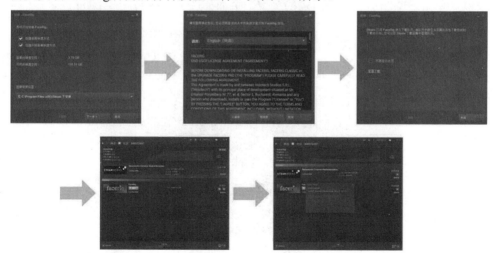

图 6-13 FaceRig 安装流程

安装完成后在Stream中启动FaceRig,启动界面如图6-14所示。

图 6-14　FaceRig 启动界面

6.4.2　FaceRig 的基本功能

FaceRig提供了头像、背景、画中画、自动校准跟踪、基于音频的唇形同步等功能。FaceRig提供了47个默认的虚拟头像，每个头像都有一个标题和一个或多个皮肤。单击缩略图后，加载所需的头像，页面如图6-15所示。

图 6-15　FaceRig 头像

FaceRig的环境按钮可以激活背景图库，内置了32种背景图，每个背景图库都有一个标题，单击背景缩略图可以加载背景，然后就会出现所选的背景。环境选择页面如图6-16所示，其中有些环境是为了特殊化身预定义的，背景有2D和3D的（3D背景允许旋转）。在高级界面中，允许用户自定义调整光照、阴影、光晕等。

图 6-16　FaceRig 环境

FaceRig的画中画功能有4种模式，可以根据需要切换：

- 摄像头视频流在左下角可见。
- 摄像头视频流不可见。
- 摄像头视频流全屏显示，替换头像。
- 摄像头视频流全屏显示，在头像的后面。

在选定头像和环境后，FaceRig的显示效果如图6-17所示，其中头像跟踪人脸效果进行展示。

图 6-17　FaceRig 头像效果

6.4.3 导入 Live2D 模型

使用 FaceRig Live2D Module，Live2D 模型可以作为头像导入 FaceRig。当购买 FaceRig Live2D Module 后，FaceRig 会自动安装。当重新打开软件后，可以看到头像选择中有 Live2D 头像选择，如图 6-18 所示。

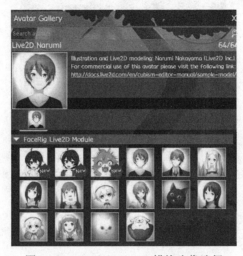

图 6-18　FaceRig Live2D 模块头像选择

FaceRig 通过查找 .moc3 文件和 .model3.json 文件来识别 Live2D 头像。如果 *.model3.json 文件存在，那么 FacceRig 自动检测 .moc3 及纹理的位置，如果不存在就假定 .moc3 文件的名称与所在文件夹的名称相同，纹理在目标目录下的 1024/、2048/ 文件夹中搜索。对于导出的 Live2D 模型，可以将其放入头像目录下（<steamInstallDir /steamapps/common/FaceRig/Mod/Vr/ rC_CustomData/Objects）。第一次打开软件可以看到一个问号，第二次打开后显示画面截图，如图 6-19 所示。

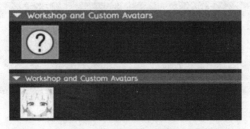

图 6-19　FaceRig 导入模型后的头像选择

在头像列表中使用自定的图表，必须要有一个图标文件（必须是256×256分辨率的png图，命名必须是"ico_+头像名+.png"，头像名称是moc3文件的名称）和两个.cfg文件。.cfg文件启用附加功能，如为头像设置名称，便于搜索查询。其中，必须创建一个名为"cc_names_+头像名+.cfg"的文件。在导入Live2D模型后，FaceRig自动匹配对象文件夹下的模型文件，然后利用FaceRig的人脸跟踪功能驱动模型跟随人脸动作，效果如图6-20所示。

图 6-20　FaceRig 导入模型效果

通过FaceRig载入Live2D模型大大减少了虚拟主播的工作量，便于大众化传播。

6.5　小　　结

本章从动作捕捉的理论知识到结合ARKit面部跟踪和Live2D Cubism SDK实现Live2D虚拟偶像动起来的实现细节，最后介绍了Live2D模型最常用的商业化软件FaceRig以及在FaceRig中添加Live2D模型的方法。目前的虚拟偶像受众还集中在二次元文化群体，Live2D+FaceRig方案是虚拟主播使用最广泛的方案。

第7章

基于3D的虚拟偶像实现方案

关于虚拟偶像的设计和定位目前业界有多种方案,从关注的互动程度上可以分为传播型和互动型:传播型通常是通过短视频的方式接住主流的短视频媒体增加曝光量,进而形成IP增加人物的认知度;互动型是在特定的场景下进行的,比如在虚拟偶像直播、新闻播报以及天气预报播报上,人物和场景渲染达到准实时的效果,并且带有互动属性。在传统影视动画作品的制作过程中,利用3D Max、Maya等软件逐帧对画面的表情、动作、效果等进行设计和调整,然后达到控制角色的表情和动作的目的,最终利用计算机渲染出关键帧动画。在现代三维动画制作中,越来越趋向于表现写实和逼真的任务、动物角色。只有真实、流畅的肢体动作与生动逼真的面部表情相结合才能呈现出完美的虚拟形象,实现高水平的现代角色动画制作。

本章将以基于3D的示例介绍虚拟偶像的项目实战。

7.1　3D 虚拟偶像项目简介

3D模型具有2D人物形象无法比拟的拟人形态和丰富的表情动作，这里简单介绍一下如何制作一个3D的虚拟偶像，以及背后具备的算法和逻辑。一般而言，虚拟偶像具有互动和静态呈现两种。静态呈现是指虚拟人物以定制好的图片和视频的方式对外发布和曝光。互动类型的虚拟偶像还可以再分为两种类别：一种是通过真人在后端进行表情和动作捕捉，通过动画引擎进行响应；另外一种是通过语音识别和对话机器人对观众进行响应并进行实时渲染，从而脱离真人操作。本节主要针对最后一种虚拟偶像的实现方式进行讲解。

- 虚拟偶像 3D 模型的创建。
- 构建对话机器人。
- 语音识别引擎。
- 口型对齐算法。
- Openvino 模型的部署。
- 前端 App 的调用测试。

这里我们使用Openvino来部署模型，通过Restful API提供服务：接收客户端传入的语音，通过语音识别引擎转成文字，作为对话机器人的输入，通过对话机器人获取回答的文本，再通过TTS引擎转成语音，最后将语音对齐到虚拟偶像3D模型上，实现整个虚拟人物的交互过程。对话的深度和层级取决于对话机器人的构建层次。

7.2　建立人物 3D 模型

在上一章中我们已经创建了一个虚拟偶像。这里我们根据需求进行微调，这里微调的部分包含脸阔、眉毛、眼睛大小、位置、眼球、发型、身高等，同时对衣物和配件根据自己的需要进行调整。

本例使用Character Creator 3.x对人物进行建模和调整，之后导出成fbx格式，进入Blender中做动画和渲染。

Character Creator是Reallusion针对设计师推出的人物创作软件，可以轻易创建、导入并定制化拟人化人物模型。通过内置的人体模型和开放的社区，它可以轻易塑造虚拟人物。目前主流的Blender、Unreal引擎等都有和Character Creator（或iClone）通过Live Stream的插件集成，可以实现动捕设备的实时传输，是很火热的业内利器。由于是商业软件，读者可以先下载试用。它可以轻松实现3D人物的生成、动画、渲染以及交互式设计等。

下面我们简单介绍一下Character Creator的界面和操作步骤。首先在Character Creator里新建一个工程（以示例工程为例），如图7-1所示。

图 7-1　创建新项目

打开示例工程后，可以看到Character Creator的操作界面，主要包含了顶部的菜单区域、左边的内容管理区域、中间的场景预览区域以及右边的调整和插件管理区域。

在内容管理区域我们可以看到一些人物塑造相关的图标，比如人物、皮肤、衣服、配饰、动作和场景等（见图7-2），通过上述元素的组合来构建自己期待的虚拟角色。图7-3显示了一个典型的人物模型塑造的过程。我们可以通过人物选项卡进行更进一步的调整，比如对人物的高、矮、胖、瘦、发型、眼睛等特征进行微调，俗称"捏脸"，总体来说自由度很高，容易上手操作。

图 7-2　Content Manager 内容管理器

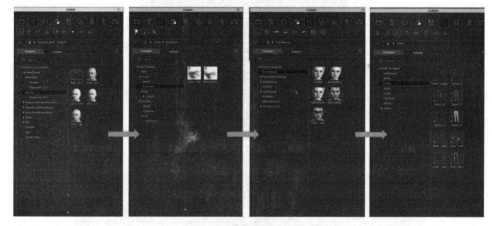

图 7-3　人物模型创建过程

下面介绍一些快捷键，用于在窗口中快速浏览场景：

- 按鼠标左键+Alt 键平移视图（或者通过热键 X）。
- 按鼠标右键+Alt 键旋转视图（或者通过热键 C）。
- 通过滑动鼠标滚轮可以实现 Zoom in 和 Out 操作（或者通过热键 C）。

这里我们对示例的人物角色进行微调（"捏脸"）操作，在Modify面板中的Morph选项卡（见图7-4）中通过对常见的头骨、额头、眼睛等进行滑块拖拉操作，以及通过Face Young属性对人物的年龄进行编辑和调整，或者通过图7-5中的面部Morph控制器直接用鼠标进行微调达到修饰的效果。

图 7-4　Modify 修改器中的 Morph 变形选项卡

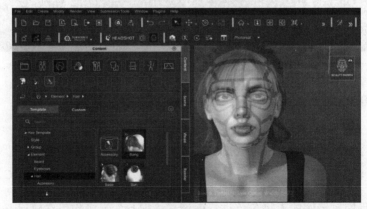

图 7-5　Sculpt Morph 雕刻变形工具

在外观Appreance选项卡中，我们对发型和衣物等进行材质调整；在材质Material选项卡中对材质进行调整，并且可以在场景区域通过鼠标双击感兴趣部位进行点选。

在场景面板（见图7-6）中，我们可以看到已经添加的组件，包括摄像机、灯光以及人物的基本元素组件（比如发型、人物头部和身体等模型组件）。我们可以根据需要进行显示或隐藏操作，以及删除添加、锁定特定组件等。

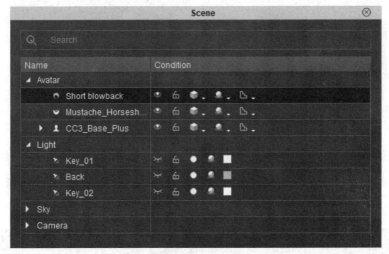

图 7-6　场景选项卡编辑面板

总体来说，Character Creator对于虚拟人物的塑造非常直观和简单（见图7-7），感兴趣的读者可以通过下载软件进行试用。

将Character Creator中的3D模型导出，通过File→Export选择Fbx格式。打开Blender软件，导入我们在Character Creator中创建好的人物模型文件，接下来进行骨骼的绑定（可以参照第5章的骨骼绑定章节），如图7-8所示。

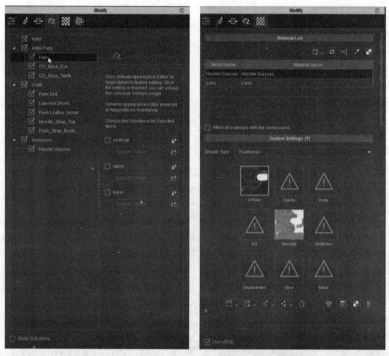

图 7-7 外观（左）和材质（右）编辑选项卡

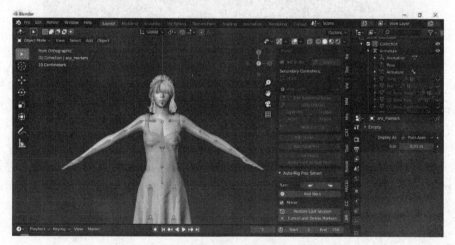

图 7-8 模型导入 Blender 并进行骨骼绑定

7.3 虚拟偶像拟人化——预制表情和动作集

如何使得虚拟偶像拟人化是在虚拟偶像规划中的重要部分，由于本例中会涉及交互式的会话，因此这里引入一个动作和表情集的概念。

常见的表情包含情绪化的体现（比如高兴、生气、鄙视、害羞），并且可以根据情感的程度分为一般、中等、强烈等。姿势包含放松休息、拍手、胆怯、摇头、踢腿等动作。

这里我们介绍如何定制表情预制集，通常来说单一图片可以识别出人的主要情绪，在特定情况下需要通过视频/图片帧上下文来理解人的真实情感。

这里引入常见的人脸表情的数据集Context-Aware Emotion Recognition database（CAER，https://caer-dataset.github.io/）表情标签：开心、悲伤、厌恶、生气、中立、惊讶、害怕等。该视频集合包含了1W+的视频序列，每个约为90帧，作为我们训练表情的驱动视频文件。

在第5章中我们介绍了First Order Motion Model的实现方式，这里选择有代表性的表情文件（背景和前景突出的视频片段）放入对应的文件夹中，通过执行下列命令得到输出后的目标模型表情动作片段。

```
python demo.py --config config/dataset_name.yaml --driving_video path/to/driving --source_image path/to/source --checkpoint path/to/checkpoint --relative --adapt_scale
```

关于动作方面，可以通过Openpose将常见的动作视频片段提取并导出成bvh文件导入Blender等3D建模动画软件中，驱动对应的虚拟偶像生成相对应的视频片段。

接下来将人物导入定制好的环境场景图中，往场景中添加光源。根据经典的三点布光原则，我们在场景中添加三个光源，分别是Key Light（主光源）、Rim Light（边缘光）和Fill Light（补光），如图7-9所示。主光源一般位于主题对象的左上方，是强度最强的。通常在Blender里采用日光或者聚光来突出阴影部分。边缘光也叫作背光（Back Light）用来凸显主题的边缘，并将主题从背景中剥离，通常是光源中最弱的。补光的强度较小、区域较大，以凸显主光源光线造成的阴影，通常位于主光源的另一侧，高度和主光源相近或较低。

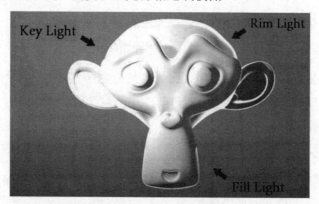

图 7-9　三点光放置示意图

通过上述调整,通过光影的不同层次将人物立体地显示出来并突出主题人物。

在场景中添加一个摄像机，并将人物放置在舞台中央。导入bvh文件后，预览人物动作动画，进行场景的渲染（见图7-10）。目前Blender内置的渲染器有Cycles和Render，这里选择Cycles（基于物理计算的方式），以追求更出色的渲染效果。

图 7-10　人物场景渲染样例图

进行场景渲染的快捷键如下：

- 按 Ctrl+F12 快捷键进行动画渲染。
- 按 F12 键进行图片渲染。

7.4 实现和用户交互——构建语音对话机器人

本案例的目的是实现和用户交互，这里我们使用Alice一个较为简单的AIML（Artificial Intelligence Markup Language）的对话机器人框架，通过会话来完成。AIML采用了启发式模板匹配的会话策略，并且其本身是一种为了确定响应和模板匹配进行规格定制的数据格式。

安装Alice的方式比较简单，可以在Python环境下通过Pip命令进行安装。

```
Pip install python-aiml
Pip install aiml
```

代码清单 7-1　Alice 模块加载

```
import sys
import os
import aiml

def get_module_dir(name):
    path = getattr(sys.modules[name], '__file__', None)
    if not path:
        raise AttributeError('module %s has not attribute __file__' % name)
    return os.path.dirname(os.path.abspath(path))
alice_path = get_module_dir('aiml') + '/alice'

alice = aiml.Kernel()
alice.learn("startup.xml")
alice.respond('开始加载ALICE')
while True:
    print alice.respond(raw_input("请开始输入会话内容 >> "))
```

Alice自带的语料库比较有限，读者感兴趣的话可以自行搜索更多有趣的语料库，同时根据Alice官方的指南建立并使用自己的语料库。

目前行业内的聊天机器人框架比较多，除了Alice之外，还有基于机器学习的聊天机器人框架ChatterBot（见图7-11）以及RASA（见图7-12）等。大多数机器学习的聊天框架包含了自然语言理解NLU，通过对意图（intent）和实体（entity）的有效识别，对问题的回答进行预判，从而根据知识库进行有效准确的响应。

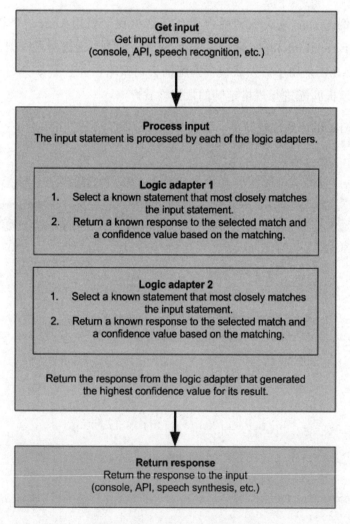

图 7-11　ChatterBot 的处理流程

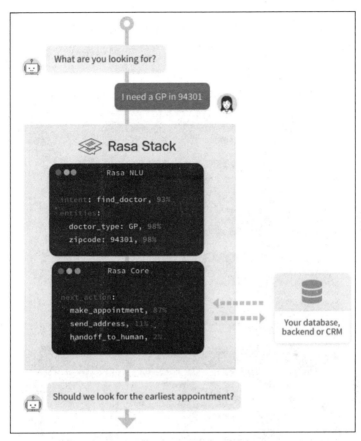

图 7-12　RASA 的处理流程

7.5　口型对齐算法应用

当我们看动画或电影时，音画同步是画面的流畅和沉浸感的前提。有些场景下，动画或译制电影中人物的对话会让人觉得不自然，通常情况下是因为人物角色的口型和声音不一致导致画面不同步。成熟的口型对齐方案也是交互性虚拟偶像成熟与否的关键所在，下面介绍目前业界采用的两种方式来实现口型的对齐。

第一种是基于音素的处理方式（见图7-13），通过对wav文件或者实时音频流进行分析，转换成音素的集合，并且映射到预先定义好的视素空间。这里视觉音素(视素,Viseme)用来描述发出对应声音的面部动作,根据权重和元音出现的序列进而驱动模型动画,通过预先创建好的音素动画拼接成改造后的动画视频。常见的口型过渡动画可以使用余弦插值方法来合成。

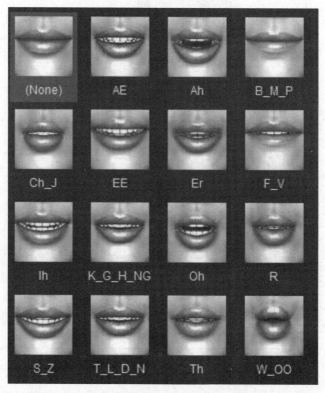

图 7-13　一种音素和视素的映射方式(来自 iClone)

第二种是基于机器学习的Wav转Lip实现(见图7-14)。该实现来自印度海德拉巴大学和英国巴斯大学的团队,提供了一种基于OpenCV和PyTorch的音频和口型同步的方案,实现了State of the art,可以在无监督和标记的情况下实现很好的口型同步效果。通过人工评估,在80%的场景下优于传统的对口型方式。目前该实现方案已经开源,感兴趣的读者可以自行尝试用于学习和研究。

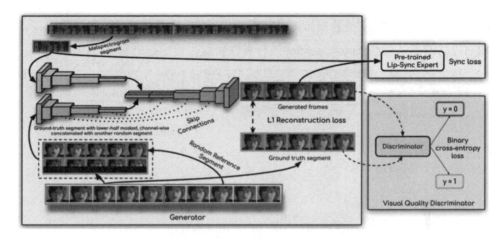

图 7-14 Wave 转 Lip 工作原理示意图

7.6 模型部署

机器学习模型部署的方式很多,我们这里采用Restful API实现脱离3D引擎的交互,构建我们和用户交互的接口。考虑到传统的机器学习推理对硬件的要求比较高,这里我们使用OpenVINO在普通的云服务器上进行部署。

之前介绍的口型对齐算法是通过PyTorch框架来实现的,目前OpenVINO还无法直接读取PyTorch的模型。这里采用先将PyTorch模型导出成ONNX格式,然后转成OpenVINO中可以支持的IR中间层格式。

本例采用OpenVINO进行模型部署。OpenVINO是一套针对快速开发机器视觉、语音识别引擎、自然语言处理等的开发工具集,特别针对Intel的硬件设备做了优化。这里主要利用模型优化器和模型推理引擎两个模块。模型优化器主要一是个转换工具,可以将预训练好的其他框架的模型(TensorFlow或PyTorch)转化成OpenVINO可识别的模型格式。其推理引擎是一套API接口,可以包含模型读取和加载、推理动作等接口的定义和实现。

另外在本例中,我们使用Flask来封装模型提供web服务。Flask是一种使用Python编写的轻量级Web应用框架,核心是Werkzeug WSGI工具箱和Jinja2 模板引擎，目前兼容WSGI 1.0并且支持RESTful request分发。另外，常见的身份验证、ORM等功能可以通过Flask-Extention进行弹性扩展，使用起来非常方便。

代码清单7-2　Flask的示例代码

```
from flask import Flask
app = Flask(__name__)

@app.route("/")
def hello():
    return "This is hello Test!"

if __name__ == "__main__":
    app.run()
```

根据图7-15所示的流程图将语音识别引擎、对话机器引擎、口型同步框架以模块化的形式部署，通过Restful API的方式提供服务。当前端App或网页识别出用户语音后，会通过对应的动画视频进行回复，通过后期调整对拟人化程度进行有效提升。

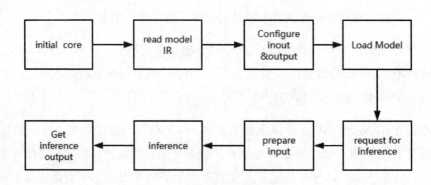

图7-15　交互式聊天流程图

接下来我们用一段代码来说明整个模型部署和服务搭建的过程。首先我们引入各种依赖库（关于人脸检测的模块采用2.1.4节的FAN框架），接下来加载Alice聊天模块（由于使用了OpenVINO深度学习工具套件，因此引入了推理模块Inference Engine）。在实际使用过程中，我们可能需要对命令参数进行解析。引入argparse模块,这样就可以在终端窗口中根据选择输入选项和参数。

代码清单 7-3　引入相关 Package 和入参定义

```
from flask import Flask, jsonify, request, redirect, render_template
    import subprocess
    import time
    import face_detection
    import argparse,cv2,audio
    import numpy as np
    from glob import glob
    import json, subprocess, random, string
    from tqdm import tqdm
    import time

    import os
    import aiml
    alice = aiml.Kernel()
    alice.learn("startup.xml")
    alice.respond('LOAD ALICE')

    from openvino.inference_engine import IECore # , IENetwork
    import logging as log


    app = Flask(__name__)
    exec_net= None
    net = None
    model = None
    use_gpu = False
    mel_step_size = 16

    parser = argparse.ArgumentParser(description='Inference code')
    parser.add_argument('--checkpoint_path', type=str,
                help=' 指 定 checkpoint 文 件 的 路 径 ', default='TEST')
```

```
    parser.add_argument('--face', type=str,
                    help='指定视频文件的路径', default='TEST')
    parser.add_argument('--audio', type=str,
                    help='指定音频文件的路径', default='TEST')
    parser.add_argument('--outfile', type=str, help='输出视频的路径',
                                default='result_voice.mp4')

    parser.add_argument('--static', type=bool,
                    help='If True, then use only first video frame
for inference', default=False)
    parser.add_argument('--fps', type=float, help='指定帧数(默认：
25)',
                    default=25., required=False)

    parser.add_argument('--face_det_batch_size', type=int,
                    help='面部检测Batch大小', default=16)
    parser.add_argument('--wav_batch_size', type=int, help='音频
batch的大小', default=128)

    parser.add_argument('--resize_factor', default=1, type=int
        )

    parser.add_argument('--crop', nargs='+', type=int, default=[0,
-1, 0, -1],
                    help='裁剪视频到更精准的区域'
                    'Useful if multiple face present.')

    parser.add_argument('--box', nargs='+', type=int, default=[-1,
-1, -1, -1],
                    help='初始化面部矩形框'
                    '语法：(top, bottom, left, right).')
    args = parser.parse_args()
    args.img_size = 96
```

接下来定义datagen函数，用于数据准备，其中的入参是视频帧和音频的梅尔频谱，变量img_batch、mel_batch、frame_batch、coords_batch分别用于存放人脸、音频的梅尔频谱、视频帧以及人脸线框的位置。由于面部检测是一个比较耗时的

工作，可能会影响实时交互的效率，这里直接跳过面部检测的步骤，而采用在7.1.2节定义好的表情视频片段，并将人脸检测的结果保存下来直接用于口型匹配。

代码清单 7-4　数据准备

```
def datagen(frames, mels):
    img_batch, mel_batch, frame_batch, coords_batch = [], [], [], []

    if args.box[0] == -1:
        if not args.static:
            ##face_det_results = face_detect(frames)
            face_det_results     =     np.load('results.npy', allow_pickle=True)
        else:
            #_dets_face = detect_face([frames[0]])
            print('1')
    else:
        print('Using the specified bounding box instead of face detection...')
        y1, y2, x1, x2 = args.box
        face_det_results = [[f[y1: y2, x1:x2], (y1, y2, x1, x2)] for f in frames]

    for i, m in enumerate(mels):
        idx = 0 if args.static else i%len(frames)
        frame_to_save = frames[idx].copy()
        face, coords = face_det_results[idx].copy()

        face = cv2.resize(face, (args.img_size, args.img_size))
        print('face.shape='+str(face.shape))

        img_batch.append(face)
        mel_batch.append(m)
        frame_batch.append(frame_to_save)
        coords_batch.append(coords)
```

```
            if len(img_batch) >= args.wav_batch_size:
                img_masked = img_batch.copy()
                img_masked[:, args.img_size//2:] = 0

                img_batch = np.concatenate((img_masked, img_batch), axis=3) / 255.
                mel_batch = np.reshape(mel_batch, [len(mel_batch), mel_batch.shape[1], mel_batch.shape[2], 1])

                yield img_batch, mel_batch, frame_batch, coords_batch
                img_batch, mel_batch, frame_batch, coords_batch = [], [], [], []

    if len(img_batch) > 0:
        img_batch, mel_batch = np.asarray(img_batch), np.asarray(mel_batch)

        img_masked = img_batch.copy()
        img_masked[:, args.img_size//2:] = 0

        img_batch = np.concatenate((img_masked, img_batch), axis=3) / 255.
        mel_batch = np.reshape(mel_batch, [len(mel_batch), mel_batch.shape[1], mel_batch.shape[2], 1])

        yield img_batch, mel_batch, frame_batch, coords_batch
```

然后我们定义模型加载的方法，这里主要的模型需要通过OpenVINO的模型优化工具转换成IR（Intermediate Representation）中间格式，以便于OpenVINO可以识别和读取。

代码清单7-5 模型加载

```
def _model_load():
    global model
    global device
    device='cpu'
    if device == 'cuda':
```

```
            checkpoint = torch.load(checkpoint_path)
        else:
            checkpoint = torch.load(checkpoint_path,
                                    map_location=lambda storage, loc:
storage)
        #return checkpoint
        print("Load checkpoint from: {}".format(checkpoint_path))
        #checkpoint = _load(path)
        s = checkpoint["state_dict"]
        new_s = {}
        for k, v in s.items():
            new_s[k.replace('module.', '')] = v
        model.load_state_dict(new_s)

        model = model.to(device)
        #return model.eval()
        model=model.eval()
        if use_gpu:
            model.cuda()
    """
    '''
    将 PyTorch 改造成 OpenVINO 的格式
    '''
    model_xml = "checkpoints\gan_1201_b.xml"
    model_bin = "checkpoints\gan_1201_b.bin"


    # Plugin initialization for specified device and load extensions
library if specified
    print("Creating Inference Engine")
    ie = IECore()
    # Read IR
    print("Loading network files:\n\t{}\n\t{}".format(model_xml,
model_bin))
    global net
    net = ie.read_network(model=model_xml, weights=model_bin)
    #net = ie.read_network(model=onnx_model)
    #net.batch_size = 128
```

```
    # Loading model to the plugin
    print("Loading model to the plugin")
    global exec_net
    #exec_net = ie.load_network(network=net, device_name="CPU" )
    exec_net = ie.load_network(net, "CPU", {"DYN_BATCH_ENABLED":
"YES"}) #support Dynamic shape
    global infer_request
    infer_request= exec_net.requests[0]

    # 检查 IR 模型是否支持 CPU
    supported_layers = ie.query_network(net, "CPU")
    not_supported_layers = [l for l in net.layers.keys() if l not
in supported_layers]
    if len(not_supported_layers) != 0:
        print("Following layers are not supported by the plugin for
specified device {}:\n {}".
            format('CPU', ', '.join(not_supported_layers)))
        sys.exit(1)
```

接下来定义api的方法供客户端调用，这里我们需要指定一个预先定制好的视频片段（需要包含虚拟人物本身以及完整的面部显示），同时需要指定返回的音频文件的位置。这里的音频文件是指我们通过对话机器人获取客户端的问题，需要回复给终端的回复文本通过TTS引擎生成的人声。然后遍历视频片段的每一帧、对齐音频文件，通过调用口型对齐算法进行对齐并将合成后的面部片段回写到原视频上实现口型的变换。最后我们采用开源工具ffmpeg将生成的视频和音频文件合并成一个短视频片段。ffmpeg提供了转换和流式化视频、音频的完整解决方案，经常会在视频、音频处理中使用。

代码清单 7-6　视频转换 API 的定义

```
    def build_api_result(code, message, data,file_name,res_alice,
run_time):
        result = {
            "ret0": code,
            "ret1": message,
            "ret2": data,
```

```python
            "ret3": file_name,
            "res_alice": res_alice,
            "run_time": run_time
        }
        return jsonify(result)

    @app.route("/synt", methods=["POST"])
    def synt():
        startTime=time.time()

        args.face='test_av/result-new.mp4'
        args.audio='test_av/a.wav'

        if not os.path.isfile(args.face):
        fnames = list(glob(os.path.join(args.face, '*.jpg')))
        sorted_fnames = sorted(fnames, key=lambda f:
int(os.path.basename(f).split('.')[0]))
        full_frames = [cv2.imread(f) for f in sorted_fnames]

        elif args.face.split('.')[1] in ['jpg', 'png', 'jpeg']:
        full_frames = [cv2.imread(args.face)]
        fps = args.fps

        else:
        video_stream = cv2.VideoCapture(args.face)
        fps = video_stream.get(cv2.CAP_PROP_FPS)

        print('读取视频帧...')

        full_frames = []
        while 1:
            still_reading, frame = video_stream.read()
            if not still_reading:
                video_stream.release()
                break
            if args.resize_factor > 1:
                frame = cv2.resize(frame, (frame.shape[1]//
args.resize_factor, frame.shape[0]//args.resize_factor))
```

```
        y1, y2, x1, x2 = args.crop
        if x2 == -1: x2 = frame.shape[1]
        if y2 == -1: y2 = frame.shape[0]

        frame = frame[y1:y2, x1:x2]

        full_frames.append(frame)

    print ("Number of frames available for inference: "+str(len(full_frames)))

    if not args.audio.endswith('.wav'):
    print('Extracting raw audio...')
    command = 'ffmpeg -y -i {} -strict -2 {}'.format(args.audio, 'temp/temp.wav')

        subprocess.call(command, shell=True)
        args.audio = 'temp/temp.wav'

    wav = audio.load_wav(args.audio, 16000)
    mel = audio.melspectrogram(wav)
    print(mel.shape)

    if np.isnan(mel.reshape(-1)).sum() > 0:
    raise ValueError('Pls try again')

    mel_chunks = []
    mel_idx_multiplier = 80./fps
    i = 0
    while 1:
    start_idx = int(i * mel_idx_multiplier)
    if start_idx + mel_step_size > len(mel[0]):
        break
        mel_chunks.append(mel[:, start_idx : start_idx + mel_step_size])
        i += 1
```

```python
        print("Length of mel chunks: {}".format(len(mel_chunks)))
        full_frames = full_frames[:len(mel_chunks)]
        batch_size = args.wav_batch_size
        gen = datagen(full_frames.copy(), mel_chunks)
        for i, (img_batch, mel_batch, frames, coords) in enumerate(tqdm(gen,
    total=int(np.ceil(float(len(mel_chunks))/batch_size)))):
            if i == 0:
                #model = load_model(args.checkpoint_path)
                #print ("Model loaded")

                frame_h, frame_w = full_frames[0].shape[:-1]
                out = cv2.VideoWriter('temp/result.avi',
                                    cv2.VideoWriter_fourcc(*'DIVX'),
    fps, (frame_w, frame_h))

                #print("save mel_batch-openvino.npy done")
                # Read and pre-process input images
                ##n, c, h, w = net.inputs[input_blob2].shape
                #images = np.ndarray(shape=(n, c, h, w))
            img_batch = np.transpose(img_batch, (0, 3, 1, 2))
            mel_batch = np.transpose(mel_batch, (0, 3, 1, 2))

            log.info("Preparing input blobs")
            input_it = iter(net.inputs)  # input_info
            input_img_blob = next(input_it)
            input_mel_blob = next(input_it)

            out_blob = next(iter(net.outputs))

            # Start sync inference
            log.info("Starting inference")
            #res = exec_net.infer(inputs={input_blob1: [mel_batch],
    input_blob2: [img_batch]})
            #res = exec_net.infer(inputs=data)
            #inputs_count = len(img_batch)
```

```python
        n, c, h, w = img_batch.shape
        infer_request.set_batch(n)
        print('n='+str(n))
        print('img_batch.shape= '+str(img_batch.shape))
        print('mel_batch.shape= '+str(mel_batch.shape))
        infer_request.inputs[input_mel_blob] = mel_batch
        infer_request.inputs[input_img_blob] = img_batch
        infer_request.infer()
        tmp_pred= infer_request.outputs[out_blob][:n]
        print('tmp_pred='+str(tmp_pred.shape))
        pred=tmp_pred.transpose(0, 2, 3, 1) * 255.
        np.save("mel_batch-openvino.npy",mel_batch)
        print("save mel_batch-openvino.npy done")
        np.save("pred-openvino.npy", pred)
        print("save pred-openvino.npy done")

        command = 'ffmpeg -y -i {} -i {} -strict -2 -q:v 1
{}'.format(args.audio, 'tmp/result.avi', args.outfile)
        subprocess.call(command, shell=True)

        endTime=time.time()
        run_time = endTime-startTime
        print('sync video time cost : %.5f sec' %run_time)
        return build_api_result(0,0,0,0,0,run_time)

    #input the chat content
    @app.route('/full_and_synt', methods=['POST'])
    def full_and_synt():
        req = request.form['req']
        #res=alice.respond(input("Enter your message >> "))
        res=alice.respond(req)
        #print(res)
        #return res
        begin_time = time.clock()
        #Use Azure TTS for speeding
        a=Text2Voice(res)
        a.Voicefunc()
        ret0=0
```

```
        ret1=0
        synt()
        ret2=0
        ret3=0
        end_time = time.clock()
        run_time = end_time-begin_time

        if ret0 == 0:
            return   build_api_result(ret0,    ret1,    ret2,ret3,res,
run_time)
        else:
            return "error:"+str(ret0)


    if __name__ == '__main__':
        app.debug = True
        load_model()
        app.run(host='127.0.0.1')
```

7.7　服务调用和测试

到本节我们已经完成交互式虚拟人物的创建、动作预制和模型部署过程，接下来可以采用前端页面或App（见图7-16）对我们的服务进行调用：客户端通过语音输入，通过ASR语音识别引擎识别用户语言，传递参数给我们定义好的API方法，API返回已经匹配好的视频资源进行前端呈现，从而完成一次整个虚拟偶像交互过程。在客户无语音输入时，可以采用默认的静默视频片段进行播放，从而提高交互的平滑度。

图 7-16　前端 App 调用示意图

7.8　小　　结

至此，我们已经从理论知识和实战项目介绍了行业内制作虚拟偶像的方法，并且从呈现形式上介绍了3D偶像的制作和让虚拟形象动起来的技术实现细节。通过3D模型的创建、构建对话机器人、语音识别和口型对齐算法，以及模型部署和调用，介绍了一个完整的交互式虚拟偶像的制作闭环。

参考文献

[1] Henry A Rowley, Shumeet Baluja, Takeo Kanade. Neural network-based face detection, IEEE Transactions on Pattern Analysis and Machine Intelligence. 1998.

[2] Henry A Rowley, Shumeet Baluja, Takeo Kanade. Rotation invariant neural network-based face detection, computer vision and pattern recognition, 1998.

[3] Cao Z, Hidalgo G, Simon T, et al. OpenPose: Realtime Multi-Person 2D Pose Estimation using Part Affinity Fields[J]. IEEE Transactions on Pattern Analysis and Machine Intelligence, 2018.

[4] Bulat, Adrian and Tzimiropoulos, Georgios.Binarized convolutional landmark localizers for human pose estimation and face alignment with limited resources[J].The IEEE International Conference on Computer Vision (ICCV), 2017.

[5] https://www.blendermarket.com/products/faceit.

[6] https://www.reallusion.com/character-creator/.

[7] https://www.unrealengine.com/.

[8] https:// www.blender.org/.

[9] https://baike.baidu.com/item/%E8%99%9A%E6%8B%9F%E5%81%B6%E5%83%8F/50210796.

[10] 中国人工智能产业发展联盟总体组和中关村数智人工智能产业联盟数字人工作委员会[R]. 2020年虚拟数字人发展白皮书，2020.

[11] 初音未来：https://zh.moegirl.org.cn/%E5%88%9D%E9%9F%B3%E6%9C%AA%E6%9D%A5.

[12] 洛天依：https://zh.moegirl.org.cn/%E6%B4%9B%E5%A4%A9%E4%

BE%9D.

[13] 绊爱：https://zh.moegirl.org.cn/%E7%BB%8A%E7%88%B1.

[14] 小希：https://zh.moegirl.org.cn/%E5%B0%8F%E5%B8%8C%E5%B0%8F%E6%A1%83.

[15] https://docs.live2d.com/?locale=zh_cn.

[16] https://www.blender.org/support/.

[17] https://cloud.blender.org/p/characters/.

[18] https://ibug.doc.ic.ac.uk/resources/300-W/.

[19] Kudo Y, Ogaki K, Matsui Y, et al. Unsupervised Adversarial Learning of 3D Human Pose from 2D Joint Locations[J]. 2018.

[20] 陈义新. 人体动作捕捉系统软件设计[D]. 大连理工大学，2017.

[21] 石乐民. 无标记面部表情捕捉系统关键技术研究[D]. 长春理工大学，2017.

[22] https://developer.apple.com/cn/documentation/arkit/.

[23] https://facerig.com/docs/facerig-studio-docs/.

[24] Deng J, Guo J,Ververas E,et al. RetinaFace: Single-Shot Multi-Level Face Localisation in the Wild[C]// 2020 IEEE/CVF Conference on Computer Vision and Pattern Recognition (CVPR). IEEE, 2020.

[25] Siarohin A, S Lathuilière, Tulyakov S,et al.First Order Motion Model for Image Animation[J]. 2020.

[26] Newell A, Yang K, Jia D.Stacked Hourglass Networks for Human Pose Estimation[C]// European Conference on Computer Vision. Springer International Publishing, 2016.